東海教育研究所

めくるめく手回し計算器の世界

手回し計算器（機械式計算器）は昭和の計算道具の大関である。
えっ横綱は？　それは算盤と計算尺かな……。
ハンドルをくるくる回して計算する、肉体労働と頭脳労働の美しき融合。
一般向けに大正末期に発売された手回し計算器は、当初は超高級品として、
そして徐々に庶民の計算道具として昭和40年代半ばまで使用された。

▼「タイガー計算器第１世代」
タイガー計算器製作所
昭和２年（1927）※P.30 掲載

▼「タイガー計算器第２世代」
タイガー計算器
昭和 14 年（1939）※P.35 掲載

約10㎝
（以下同）

▲第２世代のタイガー計算器は、本体前面に日本語で製造会社名「タイガー計算器株式会社製造」と記されている。第３世代以降は英文字になっちゃう

▲写真上から第１世代、第２世代、第４世代の本体に記されたロゴ。第２世代までは、虎印マークの品としてマニアに珍重されている。よく見ると第１世代と第２世代では微妙に虎の顔が違っている。上のほうが精悍に見えませんか？

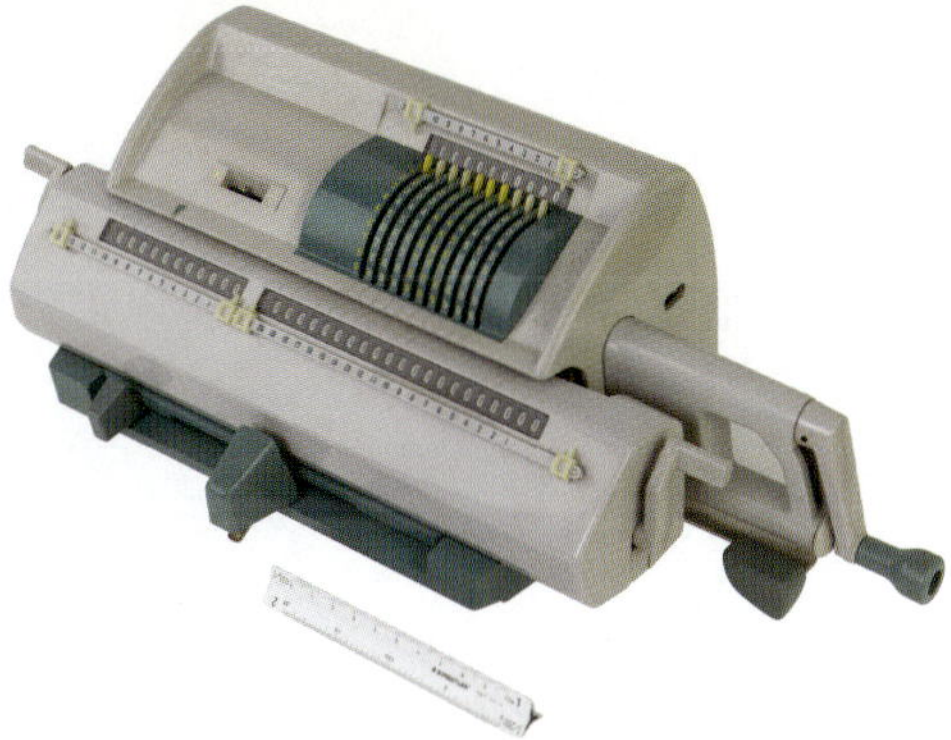

▲「タイガー計算器第６世代」
タイガー計算器
昭和 45 年 (1970) ※ P.40 掲載

主な海外製品と同じく、タイガー計算器の第１世代や太陽計算器には、チョウの羽のような形をしたリセットレバーが使用されていた

▼「太陽」
太陽計算器
昭和９年 (1934) ごろ※ P.45 掲載

卓上から手のひらサイズへ

電卓の登場は、それまでの計算道具の多くを引退に追いやった。当初は卓上で使う高価で電気をバカ食いするものであったが、あっという間に手のひらサイズになり、百円ショップで売られるようになった。

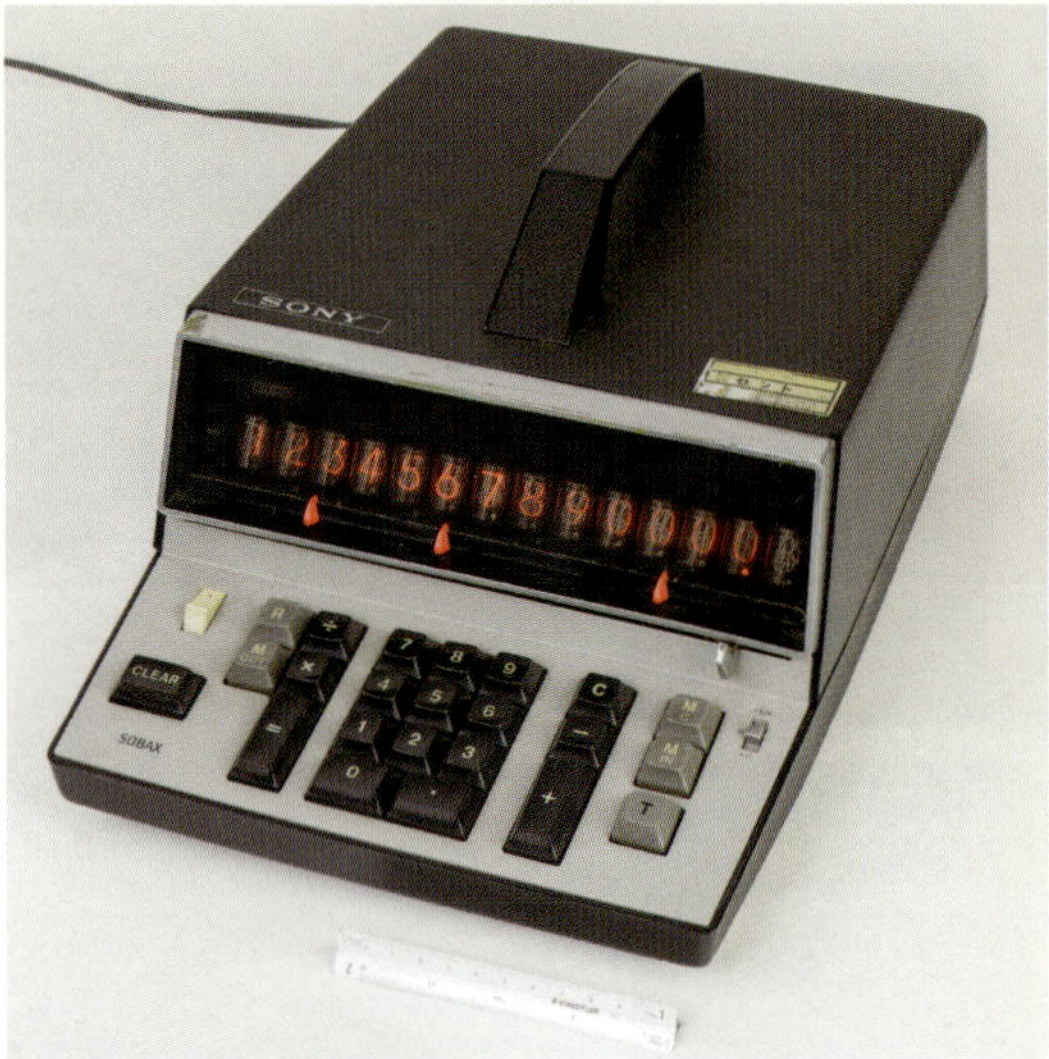

▲「SOBAX ICC-500」ソニー
昭和 42 年 (1967)
※ P.132 掲載

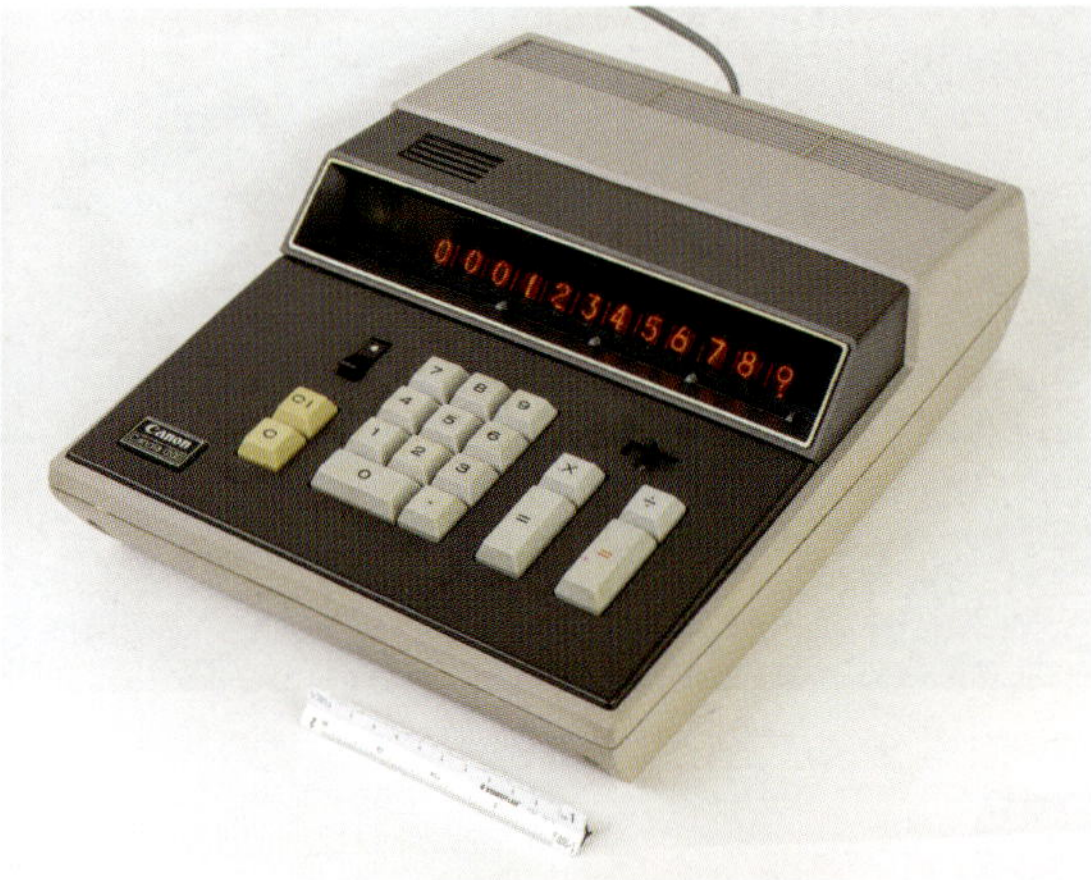

◀「Canola1200」キヤノン
昭和 43 年 (1968)
※ P.134 掲載

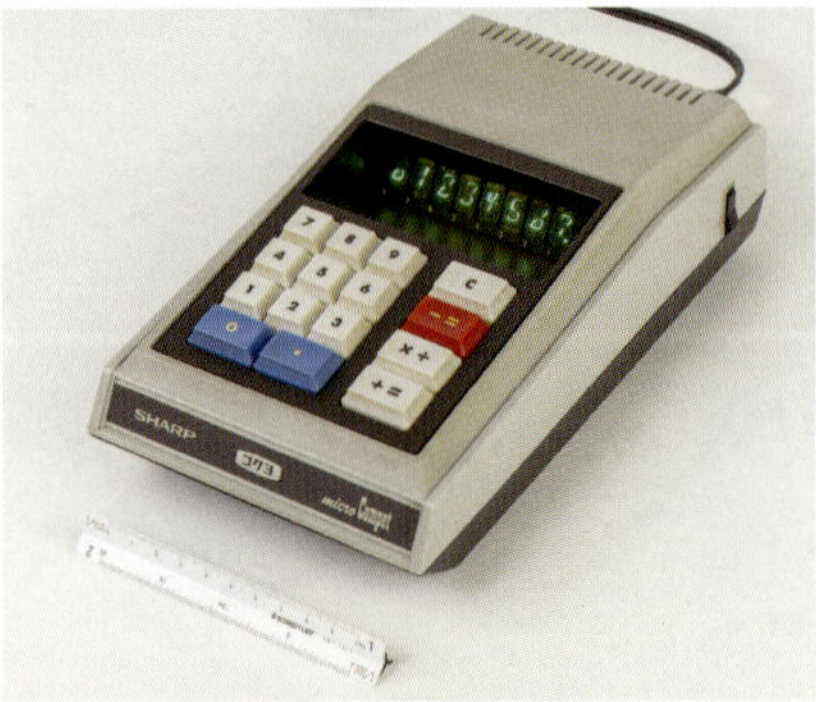

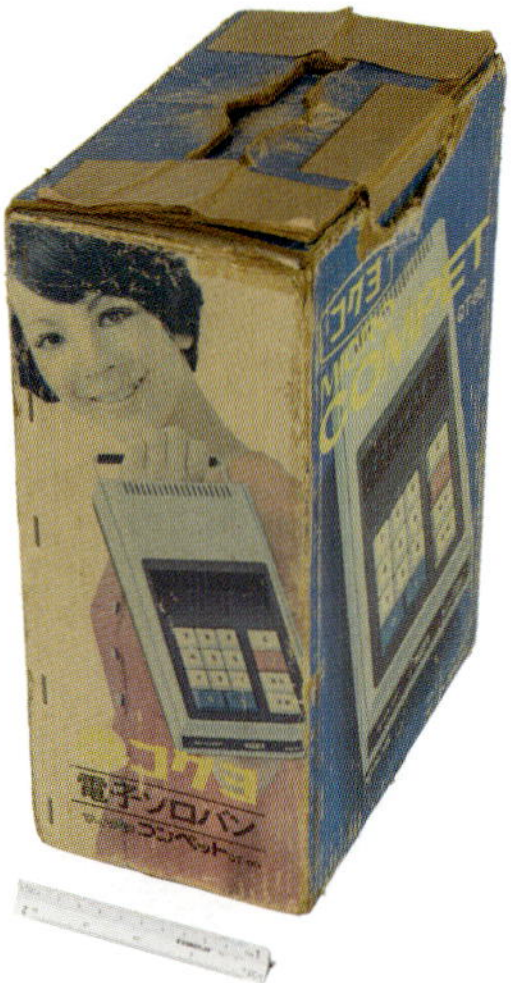

◀「QT-8D」シャープ&コクヨ
昭和 44 年 (1969)
※ P.137 掲載

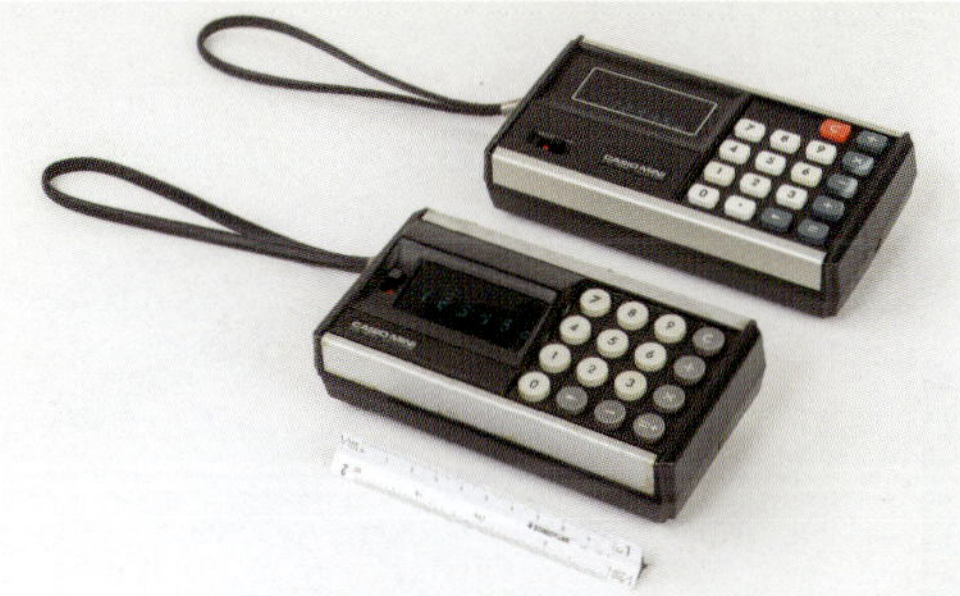

▲上：「Mini CM-603」カシオ、昭和 48 年 (1973) ※ P.150 掲載
下：「Mini」カシオ、昭和 47 年 (1972) ※ P.150 (本文のみ) 掲載

▲「Micro-mini (M-800)」カシオ
昭和 51 年 (1976)
※ P.155 掲載

▶「KC-80G」コクヨ (シャープの OEM)、昭和 48 年 (1973)
※ P.155 掲載

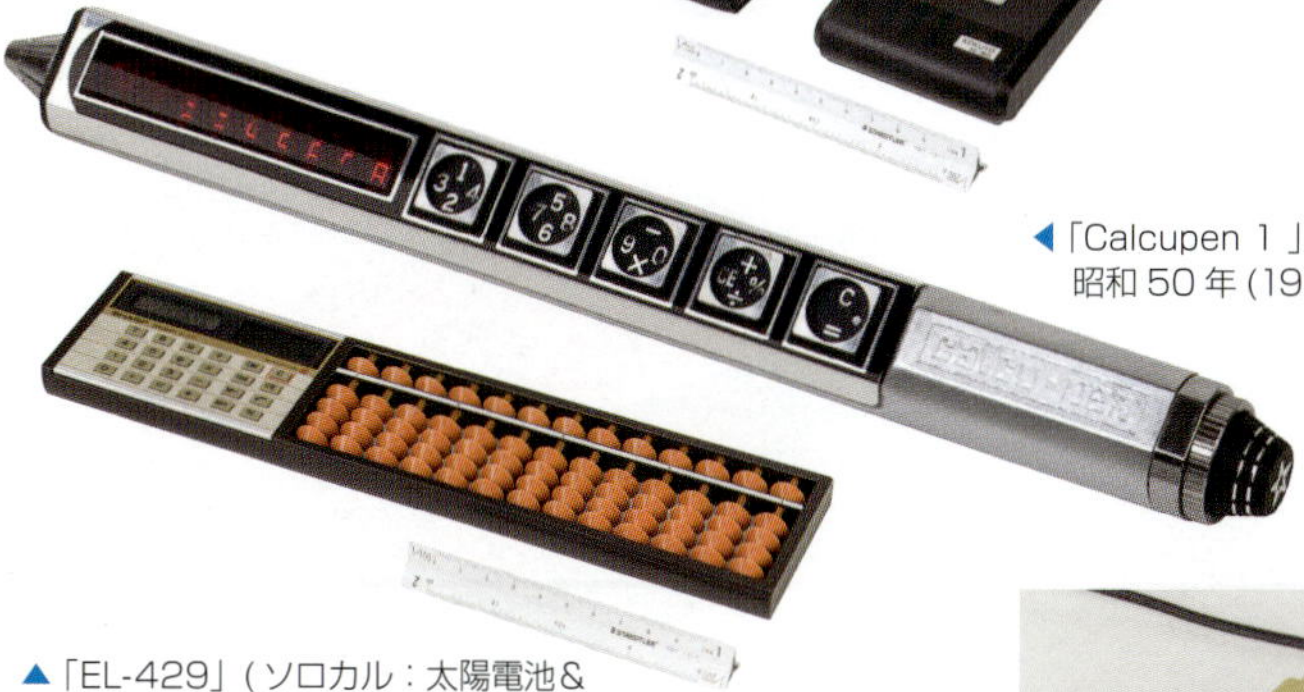

◀「Calcupen 1」Satolex (星電器製造)
昭和 50 年 (1975) ※ P.159 掲載

▲「EL-429」(ソロカル：太陽電池＆算盤搭載) シャープ
昭和 59 年 (1984) ※ P.159 掲載

関数電卓

▶「fx-3」カシオ
昭和 50 年 (1975)
※ P.167 掲載

▼「fx-10」カシオ
昭和 49 年 (1974)
※ P.170 掲載

◀「fx-502p」カシオ
昭和 54 年 (1979)
※ P.174 掲載

手動加算器

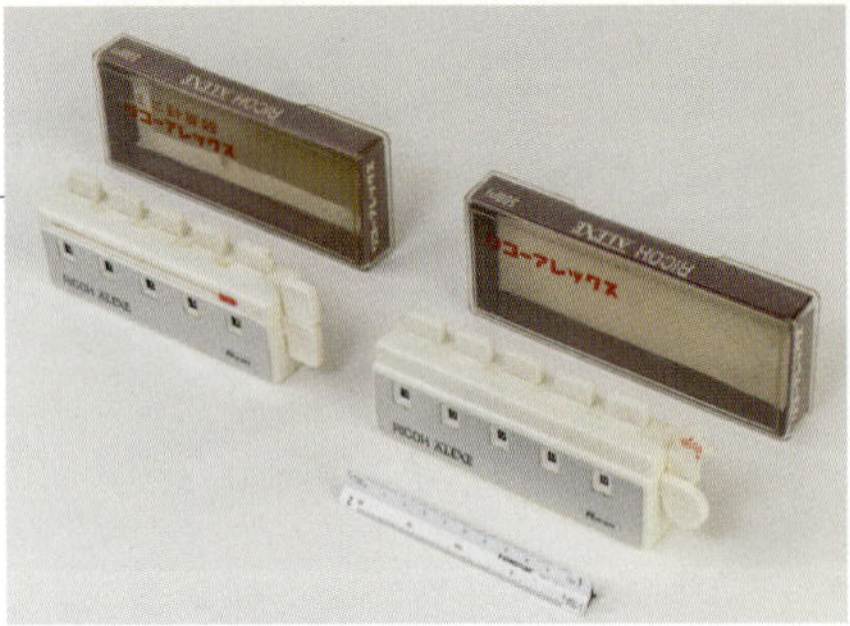

▲「RICOH ALEXE」リコー計器（明和製作所製）
昭和 30 年代〜昭和 40 年代（1955〜1974）
※ P.100 掲載

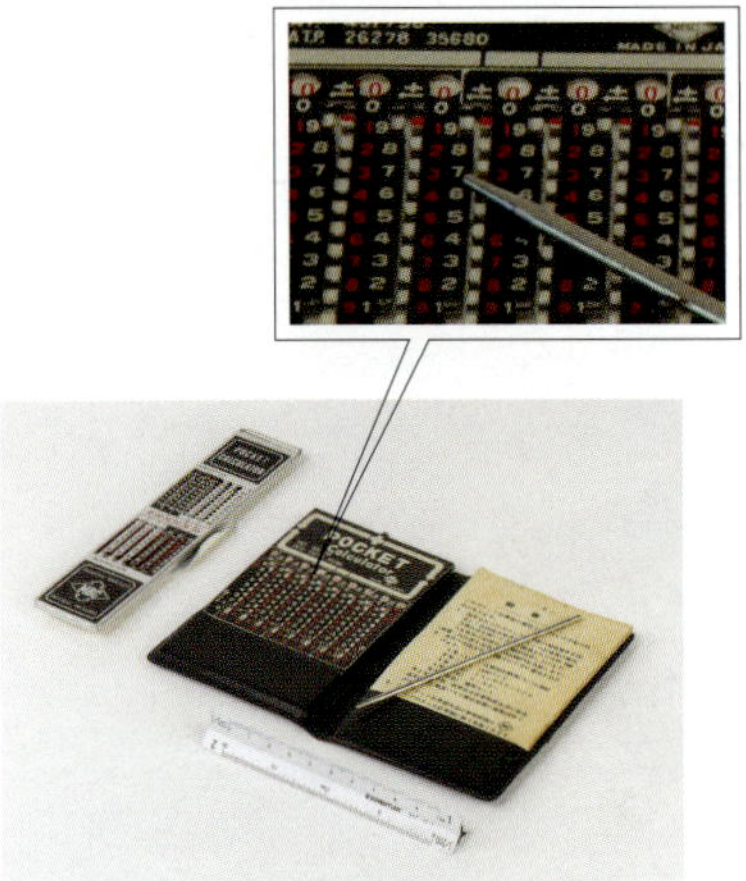

▲「POCKET CALCULATOR」
ポケット計算機、昭和 30 年代〜昭和 40 年代（1955〜1974）
※ P.109 掲載

▼「ダイアル計算器」電子ブロック機器製造、昭和 30 年代〜昭和 40 年代（1955〜1974）※ P.114 掲載

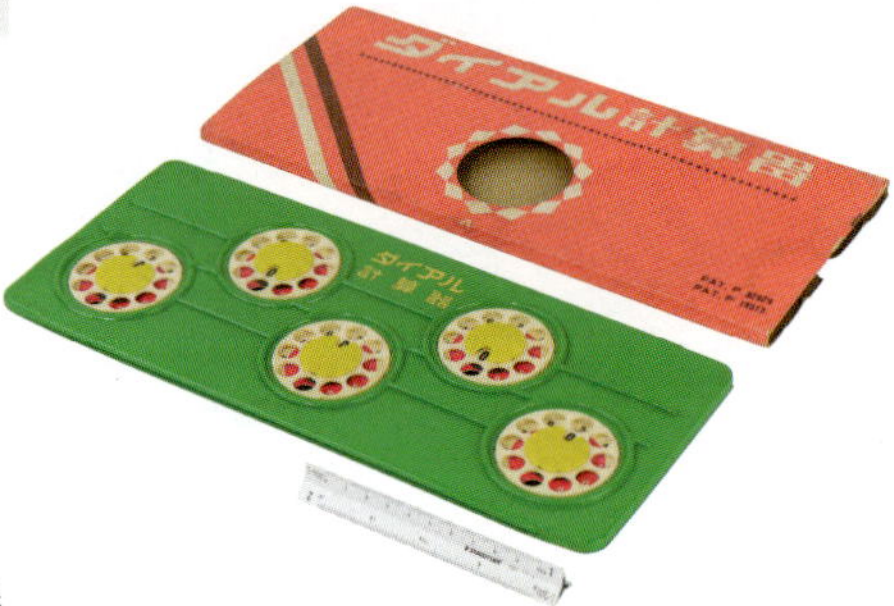

▼「RICOMAC201」リコー
昭和 40 年代（1965〜）前半
※ P.124 掲載

電動加算器

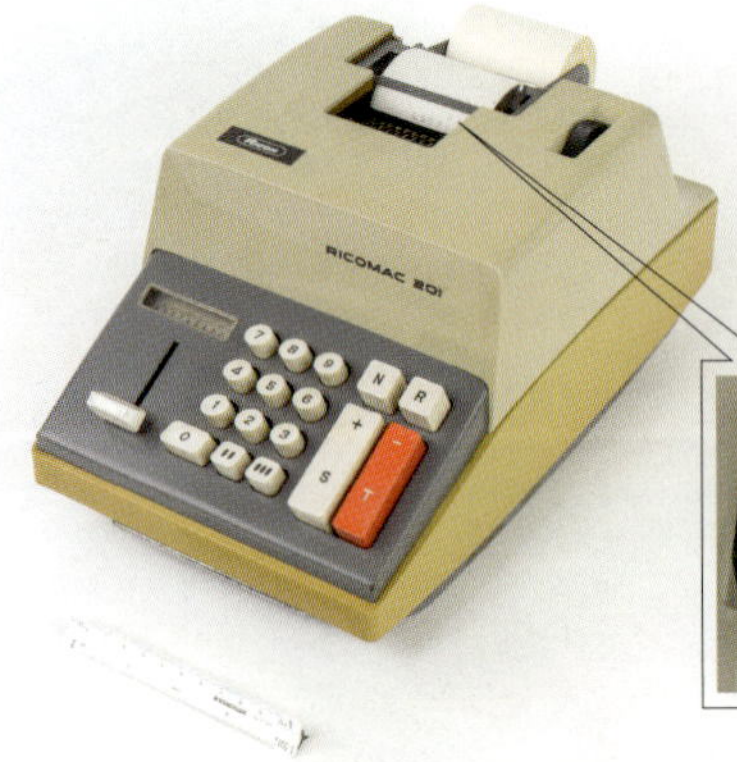

電動加算器は、レジスターみたいに印字するのが一般的。黒字がプラスで赤字がマイナス

個性あふれる計算道具たち

算盤

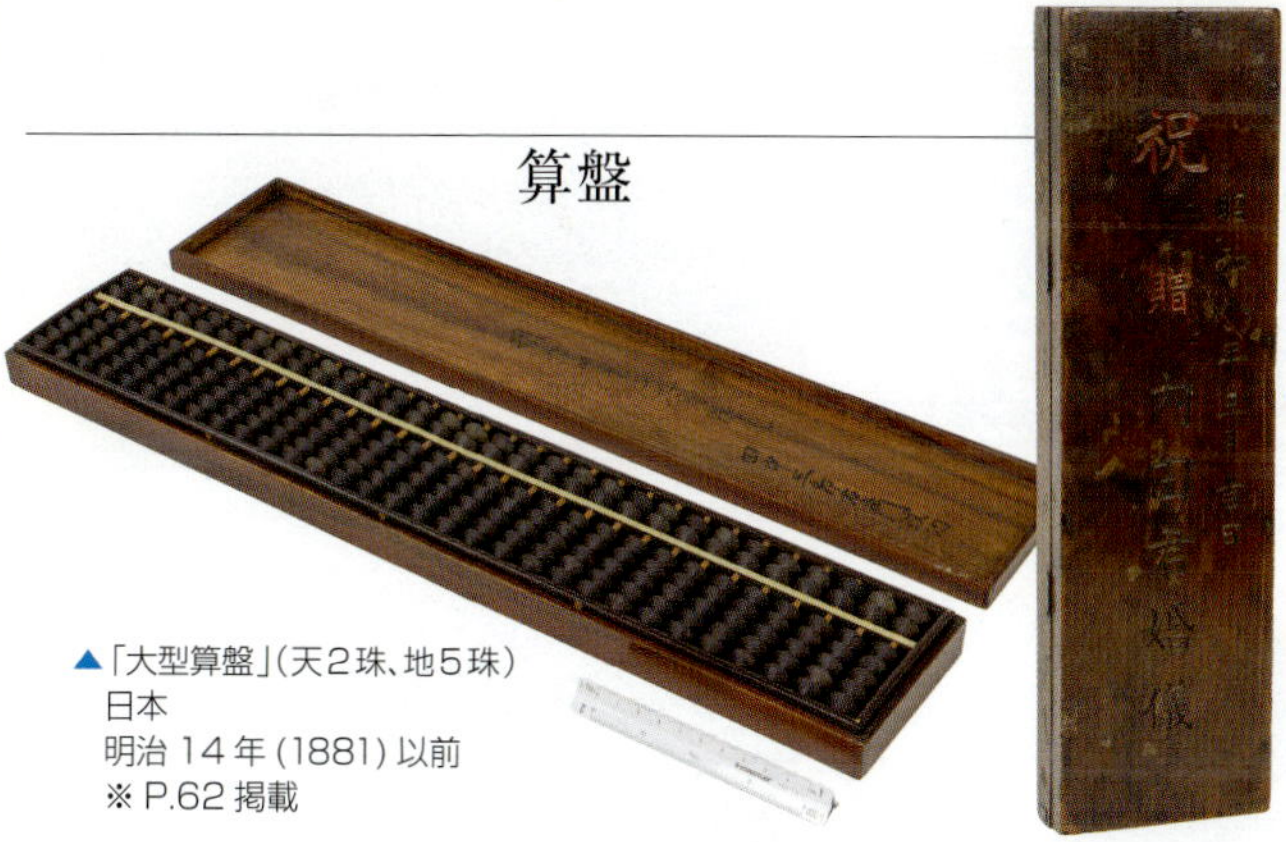

▲「大型算盤」(天２珠、地５珠)
日本
明治 14 年 (1881) 以前
※ P.62 掲載

計算尺

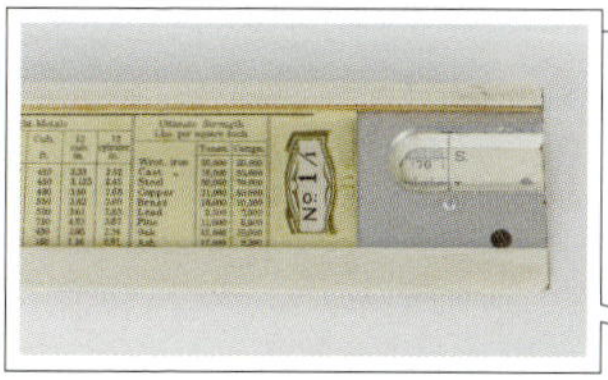

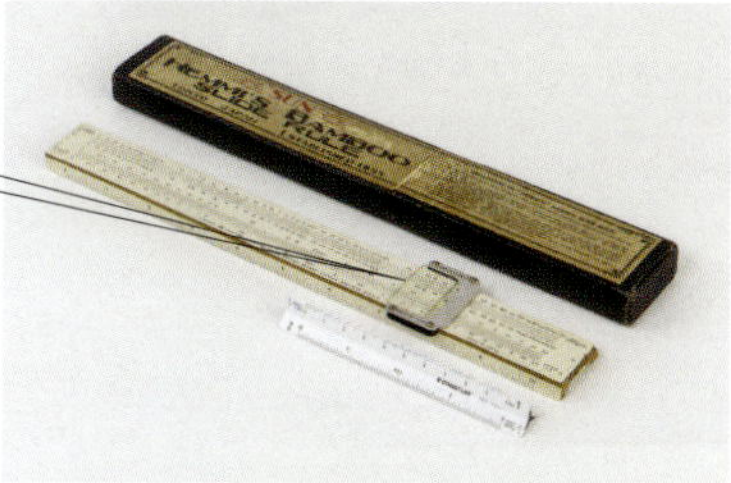

▲「No.1/1」(J.HEMMI) ヘンミ
大正 2 年～昭和 4 年 (1913～1929)
※ P.87 掲載

電子辞書

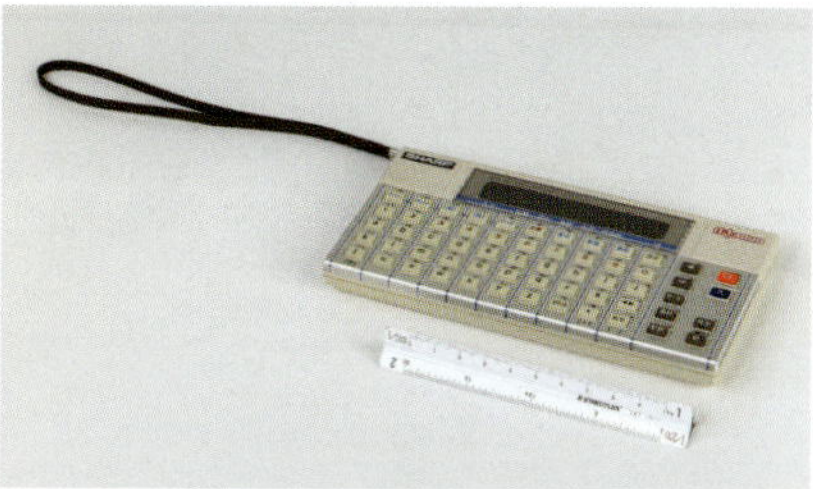

▲「IQ-3000」(ポケット電訳機) シャープ
昭和 54 年 (1979) ※ P.181 掲載

▲「CA-1000」(電子漢字字典) キヤノン
昭和 56 年 (1981) ごろ※ P.183 掲載

ポケットコンピューター

▲「PC-1500」シャープ
昭和 56 年 (1981) ※ P.186 掲載

▲①「Canola1200」キヤノン
昭和 43 年 (1968) ※ P.134 掲載

▲②「Precisa GS-12」三和プレシーザ
昭和 44 年 (1969) ごろ※ P.136 掲載

▲③「QT-8D」シャープ&コクヨ
昭和 44 年 (1969) ※ P.137 掲載

▲④「PANAC-1000」松下通信工業
昭和 46 年 (1971) ※ P.140 掲載

▲⑤「EL-808」シャープ
昭和 49 年 (1974) ※ P.154 掲載

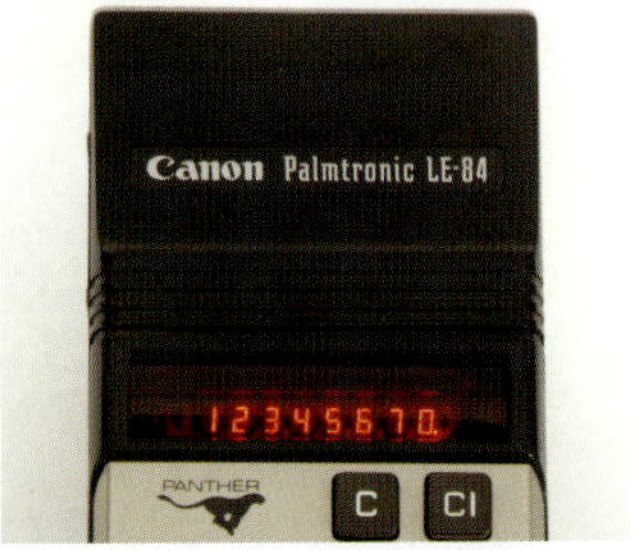

▲⑥「LE-84」キヤノン
昭和 49 年 (1974) ※本文未掲載

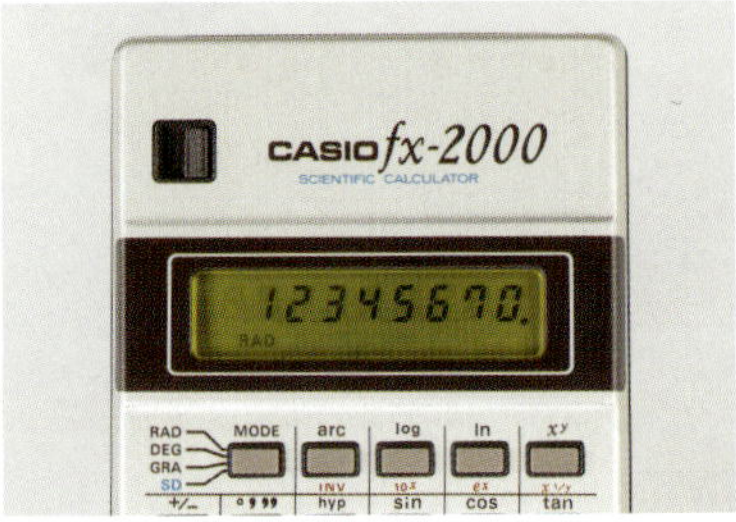

▲⑦「fx-2000」カシオ
昭和 52 年 (1977) ※ P.173 掲載

▲⑧「PA-7000」シャープ
昭和 61 年 (1986) ※ P.188 掲載

撮影　永田まさお

電卓の数字表示も要チェック！

① 数字がすべて独立した管に入っており、中にはネオンガスが封入されている。0から9までの数字の電極が入っており、点灯する数字に合わせて光る電極が変わり、前後に移動して見える。今でも、この表示管を使った時計を作るなど、一部の人に人気がある。ただし、ものすごく電気を食うのが欠点。
② ①の方式を7つのセグメント（まあ、棒ね）で数字を表すように改良した表示管。数字は前後しなくなったが、電気を食う点は①と同じ。数字の0が、下半分のセグメントで表されている。
③ 蛍光を使って省電力化を達成した表示方式。独特のフォントで好き嫌いが分かれそう。
④ ③と同じく蛍光表示管を使った表示方式。ただし、この電卓は“田”の字になったセグメントを使って数字を表現している。数字の4を見ると、7つセグメント方式との違いがわかる。
⑤ ごく初期の液晶表示電卓。今の常識を覆す、黒をバックに白で数字を表しているいわゆる白液晶。黒板にチョークで文字を書いているようで親しみを覚える。この手の液晶は、遅い、暗い、などの欠点がありすぐになくなってしまった。液晶表示の電力消費量は蛍光管より2～3桁少ない。
⑥ 赤色LEDで数字を表示している。認識のしやすさとして赤色は最高。
⑦ ⑤の液晶にすぐに取って代わった、今でも普通に使われている液晶表示方式。ほぼ、これで電卓の表示方式としては完成形（未来はわからないが）。
⑧ セグメントではなく、細かなドット（点）で数字を表す電子手帳の液晶表示。まあ、今でも普通の表示なので特に書くこともないか……。

はじめに

この本は、私がコレクションしている昭和の計算道具（〝電卓〟せめて〝計算機〟といったほうが読者の皆さまにはピンとくると思いますが、この本では、電卓どころか機械でさえない品物も多数出てくるので、あえて〝計算道具〟と書かせていただいた）について思いつくままにいろいろと書き連ねた写真付きの〝コレクション自慢本〟である。30代以下の人たちは全く見たこともないものばかりだろうし、ご年配の方々には懐かしく思える品物たちが次々と出てくる。

ちょっとした野望がきっかけとなって昭和の計算道具に興味を持ったが、調べれば調べるほどその魅力にはまっていった。ここで紹介した激動の昭和を走り抜けた道具たちは、世界のトップを走ってきた日本の技術力の集大成ともいえる品々である（ハズレっぽいのも若干含まれているが）。現代人には忘れられた存在ということで、会社の倉庫や事務所の片隅、悪くすると粗大ゴミとして不法投棄されかねないこれらの道具たちについて、皆さまに少しでも知っていただきたいと思っている。

ちなみに、本書は〝計算道具の紹介はどこに行った？〟というぐらい脱線しまくりで〝そんなこと、どーでもいいだろう〟的な話が大部分を占めている。計算道具について〝勉強するんだ〟と期待されると肩透かしを食らうだけなので、机に座るのではなくベッドにでも寝転がって読んでいただければと思う。また、仕方なく数字や式が出てくることもあるが、私の教え子の大学生に教えるときぐらいわかりやすく説明したつもりなので、算数に縁遠ーい方も楽しく読むことができるのではないかと思う。まあ、ベッドの上のあなたを心地よい眠りに引き込んでくれるかもしれないが……。

さて、本書の形式だが、大学の講義をまねて〝シラバス風〟（シラバス：講義・授業の概要）の目次に始まり、各章を1時間目、2時間目……という形式で進めていくが、「私が慣れているから」という単純な理由で、それ以外に特に意味はない。ちなみに大学の講義は15時間（普通は90分を1時間と考えて、90分×15回）の講義を受講して最終的に試験に合格すれば2単位取得できるというのが一般的だが、さすがに15時間目まで書くネタは持ち合わせていないので、途中で〝閉講〟になる。最後まで読破しても単位が取れるわけではないので、特に問題ないと思うけど……。

【講義科目名】

愛しの昭和の計算道具

【本講義の目的】

本講義は、昭和の計算道具について思考力と洞察力を持って考察するとともに、有用な知識を培うことは目的としていない。「変だッ」「バカな」「つまんねぇ」「キモッ」など、何でもよいので感想を持つこと、そして、できるなら〝少しだけ楽しむ〟ことをモットーにしている。最終的には、本書で紹介されている著者の〝身勝手な考え〟〝どうでもよいこだわり〟、そして〝勘違い〟を温かい目で見る「寛容な心を養う」ことが最大の目的である。

ドクターアキヤマだよ
よろしく

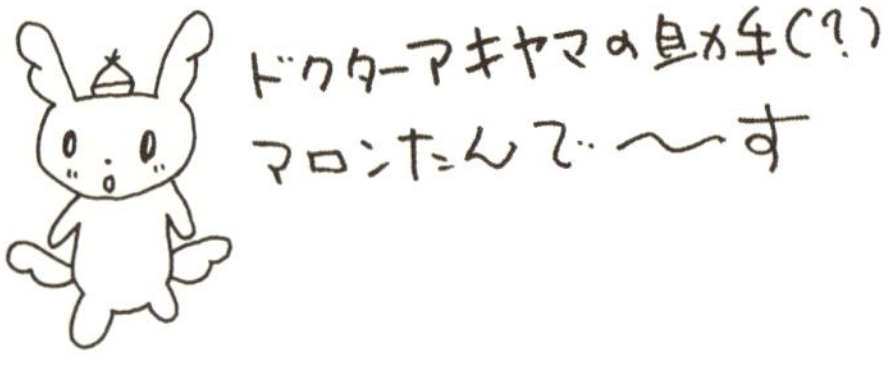
ドクターアキヤマの助手(?)
マロンたんで～す

1時間目
ガイダンス

出てみたかったんだよ、あの番組に

私が計算道具に興味を持ったのは至極単純な理由で、某テレビ局で長寿を誇っているいろいろなものを〝鑑定〟する番組が、地元（高速のサービスエリアで売っているメロンパンが有名なところ、いちごワインも名産品のようだがこちらはちょっとマイナー）に出張してくるという話を聞きつけたからで、ぜひ出てみたいという単純な〝野望〟がきっかけである。〝地元〟と書いているが、正直、私はここの出身ではないので、地元密着のお宝なんて持っていない。また、実家（九州）に聞いてみたが、最近引っ越したばかりで「古いものはすべて捨てた」と言っていたので、先祖伝来の書画とか骨董

は全くない。まあ、私の先祖は小作人（昔でいう水呑み百姓）に違いないのでそんな高価な品があったとも思えない。ないものは手に入れようということで、手っ取り早く面白そうなものを骨董店やオークションで探そうと考えた次第である。

ところで前から思っているのだが、たいていの人に、先祖について聞くと、武士であったとか、平安貴族の流れをくむとか、百姓であったとしても庄屋か豪農であったという話ばかり聞く。しかし、最もメジャーな職業は農民で、その大多数は水呑み百姓だと思うのだが？　私の勘違いだろうか。第一次産業は長ーい間日本を支えてきたはずなのだが？　まあ、何代もさかのぼれば先祖もねずみ算で増えるし、誰でもお武家さまや貴族につながるのでしょう。さらに、ずーっと、ずーっと母方の家系をさかのぼるとアフリカ出身のある女性（通称イヴ）に行き着くとか、そこまで行けば人類はみな兄弟。

謎のねずみ色の機械

しかし、よい品物はなかなか見つからず、半分あきらめ気分であったところ、ふと、思い出したのが、私が学生時代にお世話になった研究室の棚にあった「謎のねずみ色の機械」。

卒業研究の担当教授（恩師）に「何ですか、これ？」と尋ねたところ、その機械をやさしく、やさしく、なでながら「これは計算〝器〟だ。私が学生のころ、このハンドルを回して計算したもんだ」と遠ーい日を懐かしむような目で教えていただいた（「どうやるんですか？」と手を伸ばしたところ、「触るな！　壊れたらどうするんだ!!」と怒鳴られたのも、今となっては懐かしい思い出である）。

よっしゃ、恩師に連絡してあの〝謎の計算器〟を借りるか（あわよくば後進に託そうと思って、私に譲ってくれるんじゃないか）と思って、その前に希少性を調べてみようとネットを駆使して調査を始めた。しかし、便利な世の中になったものですな。机に座ったままで世界中の情報が得られる。

ちょっと調べてわかったのだが、ねずみ色の〝機械〟にはほとんど希少性がない。ネットオークションでも頻繁に出品され、比較的安価に落札されている。恩師から借り受けたとしてもお礼と送料（往復）を考えるとメリット

がなさそうである。

結局、この出来事をきっかけに、その奥深さにはまり込んで、本書を執筆する状況に至っている。次第に、ねずみ色の機械やその兄弟ばかりではなく〝計算に使う道具〟という意味で守備範囲を広げていった。ただし、守備範囲を広げるといっても、どこかで歯止めをかけないと際限なくなるし、時間もお金も保管場所も限られるので、集めるという意味では日本製かつ昭和製という制限を設けた（調べるだけでは物足りなくなり、コレクションしたくなるのが人間のサガということで、破産を防ぐためにも歯止めは重要！）。

かえって、この制限のおかげで、昭和という時代と、外国製品と日本製品の比較も意識させられて、「日本の技術力ってすごい、昭和ってすごい」と再認識させられた。ちなみに、私のメーンのコレクション手段はネットオークションである。先ほどネットオークションでねずみ色の機械が頻繁に出品されていると書いたが、計算道具全般が多数出品されている。昔だったら足を使って骨董店や古民家などを探し回って売買交渉しないといけなかったと思うのだが、机に座ってキーボードをたたいてマウスをクリックするだけで事足りる。まあ、お金がかかるってのは、今も昔も変わらないけどね。

正直に告白すると、「珍しい計算道具を持ってテレビ出演だ!!」という発想は浅はかであった。深ーいエピソードもないのに番組が取り上げてくれるわけないじゃん。実際、ねずみ色の機械の〝さらに古い機械〟を手に入れるのに成功したのだが、番組出演の野望はかなわなかった。でもちらほら聞こえてきたところでは、私が用意した計算道具はいいところまで残っていたとか。冷静に分析してみると、〝出張〟だと地元由来の書画・骨董が有利なんでしょうね、確かに出張での鑑定士は数も限られるし。ということで、ほとぼりが冷めたころ、番組本体に再チャレンジしようかな。

家計を圧迫してごめんなさい

コレクションにはそれなりの費用がかかる。テレビなどで取り上げられたりするので最近あまり驚かなくなったが、いかなる分野にもコレクターがいる。ご多分に漏れず計算道具の分野にもいる。ほとんどの人は気にも留めず、粗大ゴミと同じとみなしてスルーしてしまうような品物でも、ついつい熱くなって、競り上がって想定外の高額で落札なんてことがままある。

一応、私は大学で教鞭を執る立場なので、〝奥さま〟に「教育用で絶対必要だから」と渋々ながら許可を得ているが、ひょっとして家計簿を見て、はらわたが煮えくり返っているかもしれない。この場を借りて、理解ある奥さまに「家計を圧迫してごめんなさい」と謝っておく。

実際は、私の専門は計算道具ではないし、当然、教え子の専攻分野も違う（ちなみに専門は日本でも多数のノーベル賞受賞者を出している〝化学〟である。毎年、ノーベル賞の発表の時期になると、受賞のお知らせがいつ来るかと、電話の横で待っているが、宝くじで5億円当てるより可能性は少なそう）。つまり、集めたコレクションを披露してうんちくをたれている機会は限られているのが正直なところである（うんちくを〝たれる〟は誤用らしいが、私の専門外の雑学にすぎないので、〝うんちくを傾ける〟とはおこがましいのであえて〝うんちくをたれる〟と書いた）。

ところで、バブル経済が崩壊した後に生まれた平成生まれの学生にとって、「日本は技術力があって、高度成長を遂げた経済大国で……」という話は、全く実感がわかないようである。まあ、当たり前か。そこで、この〝昭和の計算道具〟の話を活用する。〝なぜこんなものを作った？〟というような例外もあるが、大多数の道具は日本独自の工夫を織り交ぜながら世界最先端の計算道具であった品々である。実際に外国への輸出品として重宝がられたものもある。つまり、昭和の計算道具は、世界相手に日本の技術力を示し、強力な国際競争力を発揮した代表格ということができる。

個性のカケラもない

この本を書いてみようと思った動機であるが、私の教え子だけにたまーに昭和の計算道具を紹介するのではもったいない気がしたためである。また、愛する奥さまへの〝教育用〟という言い訳をより真実に近づけるためにも、本書を手に取っていただいた皆さまに〝熱く〟昭和の計算道具を語りたいと思う。なぜ、〝熱く〟と思われる読者の方もいらっしゃるだろうが、最近の学生の書いた文章を読んでも全くワクワクしない。学生が書く就職活動（昨今の社会情勢もあって私の教え子も苦戦中）のエントリーシートなんて就職教本のコピー・ペーストライクな文章ばかりで、読んでいても何も心に訴えかけてこない。学生が見てくださいと言って持ってくるたびに、「これじゃ君に会ってみたいと思わないよね。個性のカケラも見えてこないし」とダメ出し。下手な文章でもかまわないから、自分の感じていることや考えたことを、情熱を注ぎ込んで書けば何かしら読んだ人の心に残ると思うのだが（悪印象でも何も感じないよりは……）。

というわけで、貴重な数時間[注1]を割いて私の稚拙な文章を読んでいただいている皆さまの心に、いくばくかの心象を残すことができるよう〝熱く〟語ろうと思う。できるなら、読後に少しでも昭和の計算道具に興味を持っていただけたら幸いである。また、言い訳というわけではないが、個々の計算道具については私よりはるかに詳細な知識やうんちくを傾けられる方が世の中にはいらっしゃる。最近は少なくなったが、大学の先生は〝すべてを知り尽くしている博士〟と信じている方がいる。確かに、アリストテレスの時代であ

注1
貴重な数時間：人間の寿命を80年とすると、80年×365日／年×24時間／日でおおよそ70万時間ほどの人生。

れば、博士は〝博学〟で多彩な分野の専門家だったのかもしれないが、現在の博士は〝ごく狭い分野に関して深く知っている（マニアっぽい）人〟にすぎない。つまり、私は、化学（それも化学の一分野）が専門の、この昭和の計算道具については市井《しせい》の初心者コレクターにすぎない。

本書に書いている私の知識も、計算道具コレクターの方々が公開していらっしゃるインターネット上の情報や書物などを大いに参考にさせていただいている。読者の方でこの計算道具についてより詳しく知りたいということであれば、本書巻末の参考ホームページ（キーワードで検索エンジンを使うのもGood！で、いろいろ関連するホームページが引っかかる）や参考文献に当たってもらいたい。私よりもはるかに〝熱く〟かつ詳しく語っているホームページや本に出会うことができるはずである。

まあ、日曜ぐらいは休んでもよい

ついでなので、よくあるもう一つの誤解も解いておきたい。「大学の先生って夏休みが2カ月あって、春休みも2カ月あるんでしょう。いーな」とたま

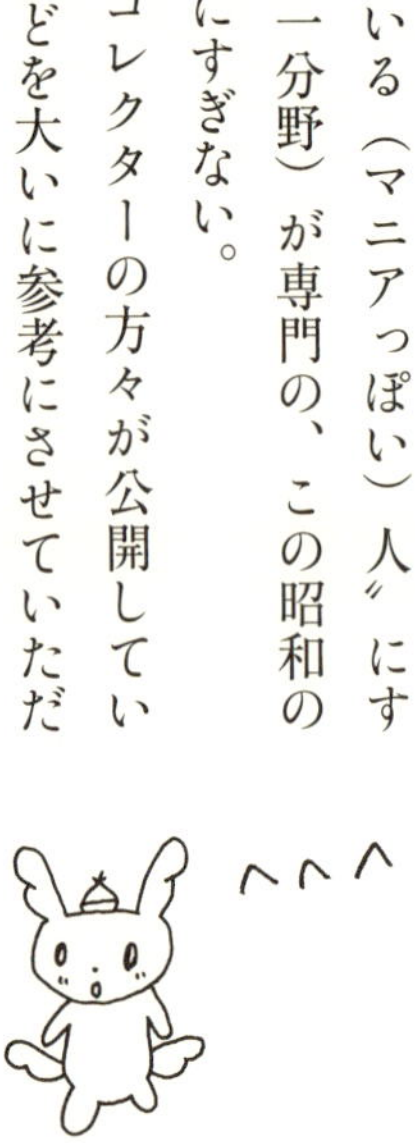

に耳にする。まあ、そういう大学の先生もゼロとはいいませんが、大部分の教員は「いえいえ、学生は休みかもしれませんが、私は盆正月以外はずーっと大学で研究や卒研生・大学院生の教育をしています」というのが本当である。講義期間はとにかく忙しく、研究より教育に全力を注がないといけない状況なので、この講義がない期間には、研究はもちろんのこと学会発表や論文の執筆にも取り組んでいる。長期の休みなんてとんでもない。

私も恩師の教え「理系の研究者（教員）は大学に12時間以上いて研究・教育にいそしむものだ。まあ、日曜ぐらいは休んでもよいがな（休まなくてもよいらしい）」を実践している毎日である。

以上で、ガイダンスは終わりです。次から、いよいよ、めくるめく計算道具の世界に入っていきましょう！　では。

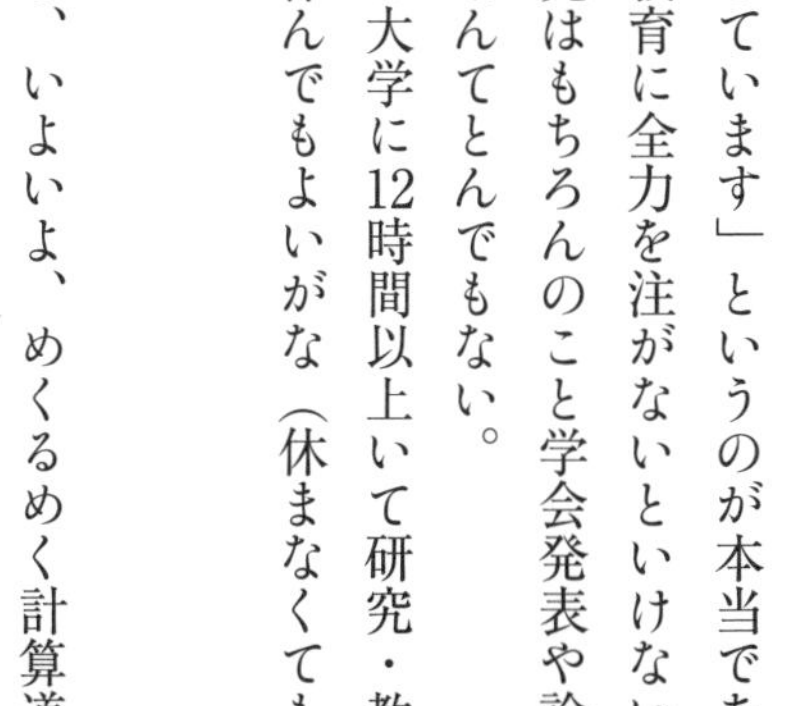

2時間目
これだよ、これ、教授がなでてたやつ
手回し計算器①

決して結果を〝捏造〟しているわけじゃない

さて、昭和の初めから時間を追って計算道具の話を進めてもいいのだが、それでは芸がないので、ここはやっぱり私のコレクションのきっかけとなった〝手回し計算器（一般に機械式計算器とも呼ばれている）〟の話から始めたいと思う。

ちなみに、時間を追って発表しないというのは我々の研究成果の発表でもよくある。たとえば、ある実験を行ってAはうまくいった、次のBはうまくいかなかった、さらにCをやったがうまくいかなかったという場合、A↓B↓Cと実験は行ったのだが、発表の段階ではB↓C↓Aの発表順なんてことはよくある。結論はAがよいということは変わらないし、聞いているほうもそちらのほうが理解しやすい場合が多い。決して結果を捏造しているわけじゃないので……まあ、わかりやすくするテクニックですね。

1時間目のガイダンスでも触れたが、「学生時代に見たあの変な〝ねずみ色の機械〟を手に入れてテレビで鑑定を！」という野心からいろいろと調べ始めたのが、私がコレクションを始めたきっかけである。便利なもので、インターネットを駆使すればさまざまな情報が容易に手に入った。昭和40年代半ばまでは、一般に計算機といえばこの手回し計算器を指したようで、私よりひと回りちょい上の世代（俗にいう団塊の世代ぐらい）の方は現役でバリバリこいつを使ったようである。

手回し計算器や機械式計算器という名称ではピンとこない人も、代名詞である〝タイガー計算器〟という名前であれば覚えているんじゃないだろうか。ちなみに、タイガー計算器は商品名である。ホッチキスやセロテープが商品名なのに通り名として通用しているのと同じ。一般名は、ステープラー（ステープラ）とセロハンテープという。

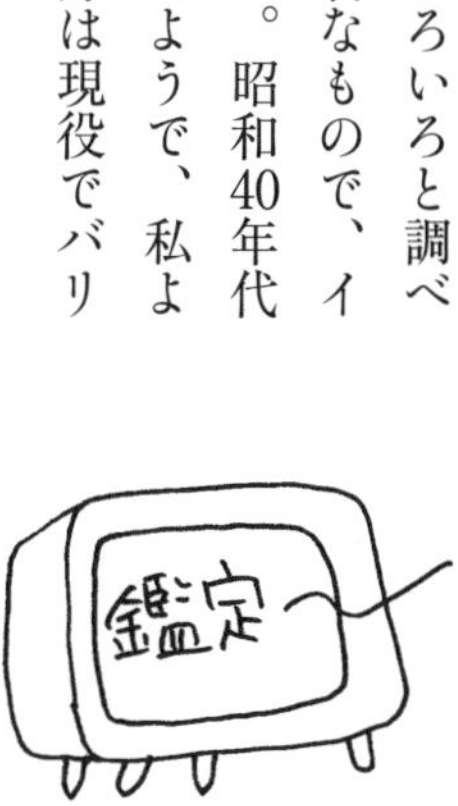

2階建て木造住宅と同じぐらいの値段

タイガー計算器の元祖は大正12年に売り出した〝虎〟マークの虎印計算器で、当初は〝2階建て木造住宅〟と同じぐらいの値段だったといわれている。実際の正確な価格は不明だが、大正13年ごろには150円～545円程度で売ったとの話。当時、都市部では30坪の住宅で2000円ぐらいはしたはずだが、さては田舎の20坪ぐらいの住宅との比較か？

しかし、この虎印計算器時代にはほとんど売れなかったらしい。値段のせいもあると思うが、日本製は信用がなかったとか。でも、〝TIGER BRAND〟と舶来品っぽくして〝タイガー〟計算器と英単語を使うことで、外国製のように勘違いされて売り上げが増えた。日本製も安かろう悪かろうという時代があったのだ。それとも、舶来のブランド品好きな国民性は今も一緒ということかな……。そういえば、私が高校時代に使っていた英語の教本に〝日本製は安いが品質が悪い〟との英文が出ていたな。定年間近っぽかったあの先生、いったいいつの時代の教本を使っていたんだ。

話は戻るが、「よっしゃこれしかない、この〝2階建て木造住宅〟を手に入れてテレビ出演だ」と決心した。でも、どうやって手に入れればいいんだ？　住宅並みといっても不動産屋が扱っているわけはないし、骨董屋さんに探しに行けばいいのか？　うーん、仕方がない。ネット検索、ネット検索と……。えっ！　東京・上野の国立科学博物館に保存されているタイガー計算器No.59は非常に貴重なので情報処理技術遺産[注2]に認定されているだって！「こりゃ無理だ、そんなのは手に入んないや」とあきらめ気分。

しかし、なんと、インターネットオークションをのぞいてみたら、タイガー計算器があるわあるわ。常時数台が出品されていて数千円程度からある。なぜ？　木造住宅と同じ値段の計算器がそんなに安いの？　そうか、現代と同じか！　36型テレビがボーナスを全部はたいても買えない〝高値〟の花だったころから見ると、今は性能アップで3D対応のくせに数万円だもんな。値崩れで日本のメーカーも青息吐息だし。でも、さすがタイガー計算器株式会社[注3]は計算器を作っていた会社。製造開始から通し番号（製造番号）を振り、納入先やメンテナンス情報など漏れなく管理していたらしい。製造番号を調

注2
情報処理技術遺産：一般社団法人情報処理学会が認定する、情報処理技術の発展の歴史を示す具体的事物・資料。2008年度より認定が開始された。タイガー計算器No.59は08年度に認定された23点のうちの一つである。パソコンマニアにおなじみのNECのPC−9801も同じ年に認定されている。

注3
タイガー計算器株式会社：手回し計算器といえばタイガー、タイガーといえば手回し計算器というぐらいに、トップシェアを守り続けた老舗中の老舗。現在は、株式会社タイガーとして運輸関係のソフトウエアなどを販売している。ちなみに、炊飯器や魔法瓶を作っているのは何の関係もない別の会社。

べれば製造年も正確にわかる。調べてみると、どうやらタイガー計算器は製造年代で大きく6世代に分けられるらしい。希少物（レア物）は、虎マークの戦前物といわれる第2世代まで。特に製造開始の大正12年から昭和5、6年程度まで製造していた第1世代は製造台数も少なく、めったにお目にかかれない貴重品との話。当たり前だ、2階建て木造住宅がおいそれと一般庶民に買えるわけがない。推測するに、現存するのはこの世に100台も残ってないんじゃないか？　情報処理技術遺産に認定されているNo.59は第1世代の中でも初期の“TIGER BRAND”と刻印された超貴重品。さすがは国立科学博物館、よいものを持っていらっしゃる。

　このNo.59と同じ第1世代はネットオークションでもほとんど見ないなー。というわけで“ジャ〜ン”。私が手に入れたレア物を紹介しちゃいましょう（写真1）。なんと、第1世代のタイガー計算器です。どうやって手に入れたかって？　書いているじゃないですか。インターネットオークションでも“めったに見ない”なーって。ということは“見ることもある”んです。でも、さすがにマニアは知っているわけで、これが出品されたときは狙って

写真1
「タイガー計算器第1世代」
タイガー計算器製作所
昭和2年（1927）

いる人も多く、落札価格はそれなりに高価だったなあ〜。

では、これについて簡単に紹介しましょう。第1世代の特徴は、そのハンドルがチョウの羽（昔のゼンマイ）のような形。No.59は〝TIGER BRAND〟と記されていますが、こちらは〝タイガー計算器株式会社製造〟[注4]と刻印された機種です。刻まれた製造番号から昭和2年に製造されたことがわかります。昭和元年は年末のわずか1週間しかなかったので、事実上〝昭和の最初の年〟に製造された計算器になります。値段は発売当初とほぼ同じで約500円、当時の物価でだいたい公務員の半年分の給料ぐらいだから、庶民が買うのはちょっと難しそう。一部の官公庁か、財閥か、大金持ちぐらいしか手が届かなかったはずです。どこに納入されたかは、本社（現・株式会社タイガー）に聞けば記録が残っているかなあ〜。

〝チン〟はできあがりの合図です

さて、では、その高価な計算器の簡単な使い方を説明しましょう。要は、レバーを1回転させるとセットした数値が〝足されます〟。逆方向に1回転

注4
タイガー計算器株式会社製造：社名がタイガー計算器製作所からタイガー計算器株式会社に変わったのは昭和5年のこと。とすると、昭和2年生まれの本品はタイガー計算器製作所製造と書かれているのが本来の姿。どうやらメンテナンスの際に、タイガー計算器株式会社と書かれたシールを後から貼ったらしい。

させるとセットした数値（写真1の計算器は12桁までセットできます）が〝引かれます〟という単純な機構です。足し引きは1回転で答えがズバッと得られる。掛け算だったら、〝掛ける〟数だけレバーを回転させればいい。たとえば53×4を計算するには53をセットして、レバーを4回転させれば212と答えが得られます。じゃ、53×421を計算するには53をセットして421回転させればいい……。

まあ、そうやっても計算できるけど、そのときは足していく位を操作して、百の位で4回転、十の位で2回転、一の位で1回転、で計算完了というわけ。もちろん割り算もできますよ。割り算は元の数から〝何回引けるか〟を計算すればいいわけだから、引き算を繰り返して求めます。たとえば98÷26の計算は、まず98－26は72で1回は引ける、72－26は46で2回も引ける、46－26は20で3回引いても大丈夫。20－26は−6となって、〝マイナス〟になったからもうダメ、ということで4回逆回転させてマイナスになったから1回分戻します。つまり、98÷26は3回引くことができたので、答え（商）は3で余りはそのときの残りの

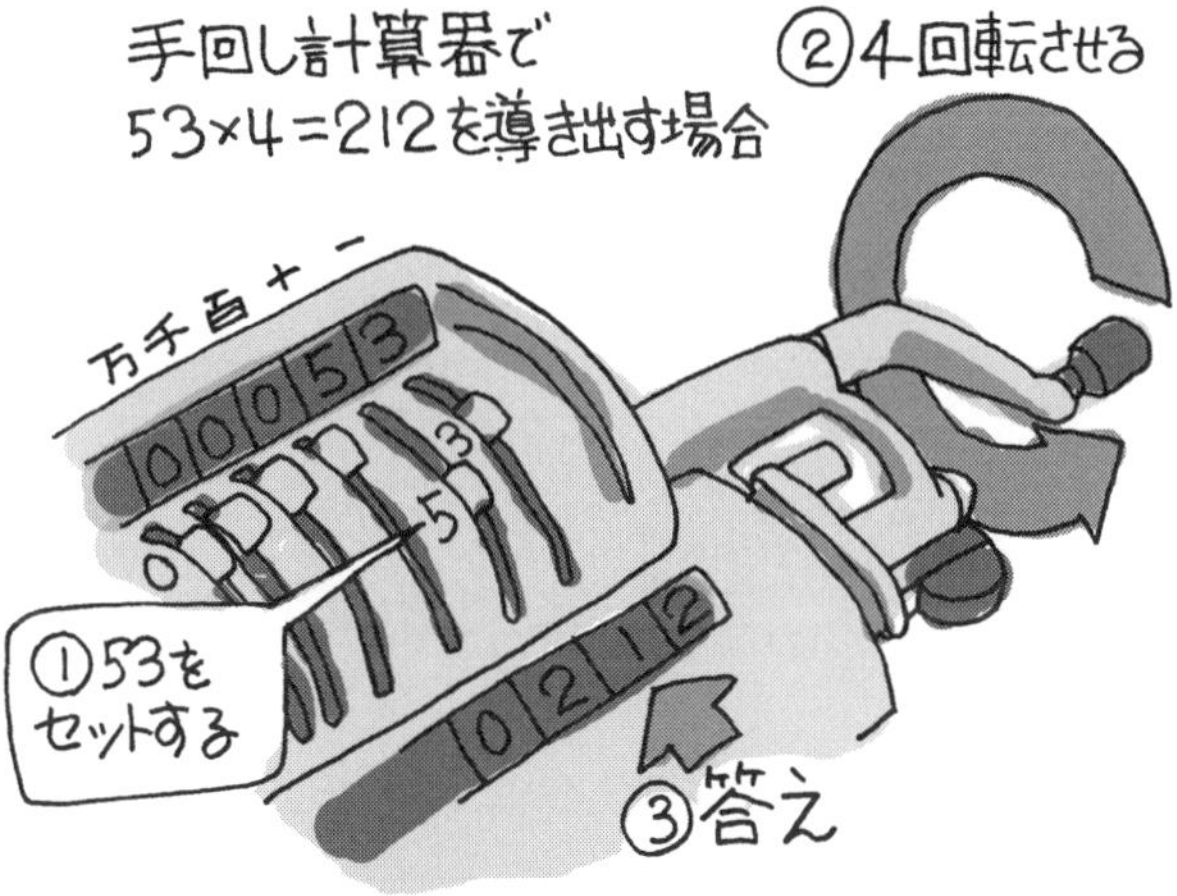

手回し計算器で
53×4=212を導き出す場合
②4回転させる
万千百十一
①53をセットする
③答え

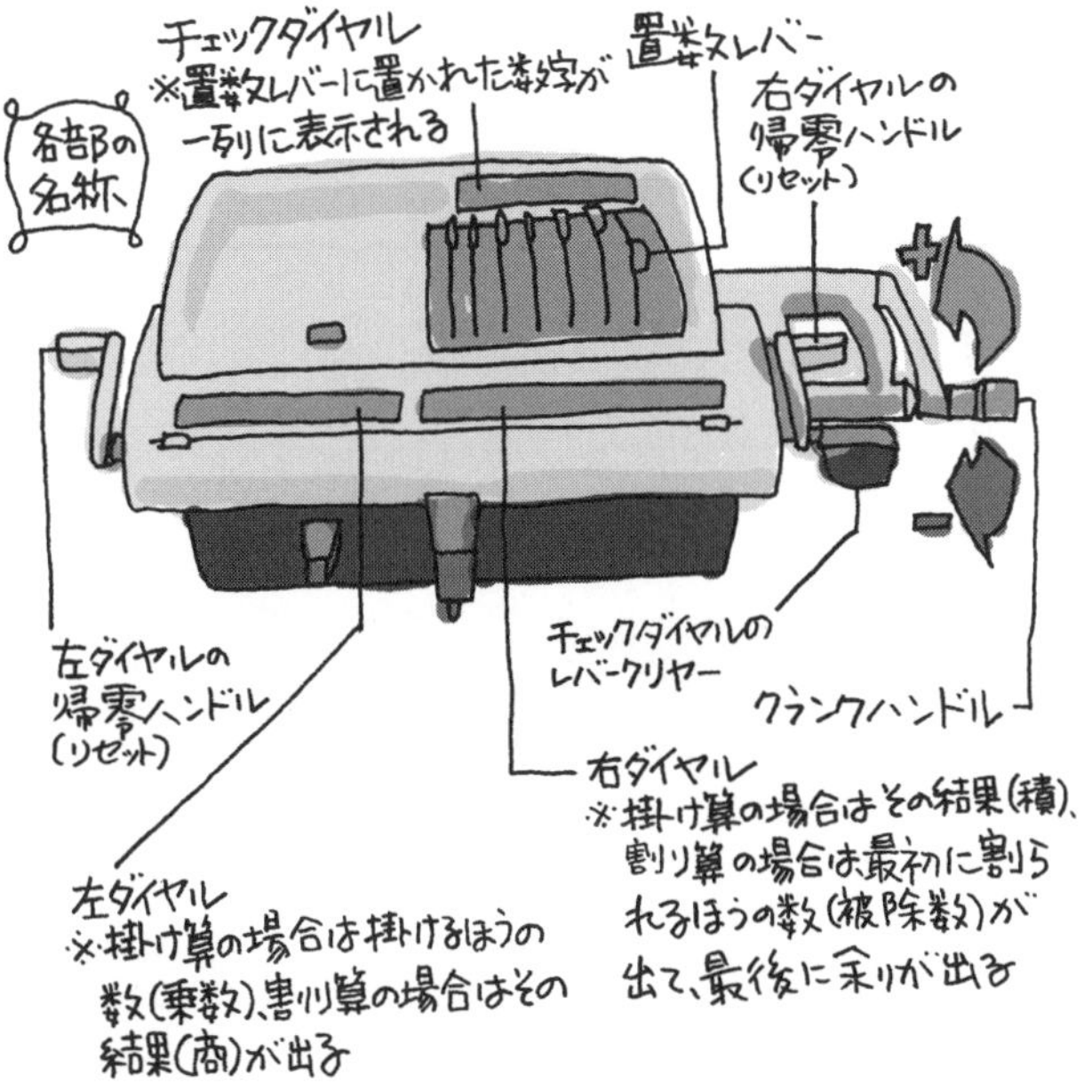

各部の名称
チェックダイヤル
※置数レバーに置かれた数字が一列に表示される
置数レバー
右ダイヤルの帰零ハンドル（リセット）
＋
−
左ダイヤルの帰零ハンドル（リセット）
チェックダイヤルのレバークリヤー
クランクハンドル
右ダイヤル
※掛け算の場合はその結果（積）、割り算の場合は最初に割られるほうの数（被除数）が出て、最後に余りが出る
左ダイヤル
※掛け算の場合は掛けるほうの数（乗数）、割り算の場合はその結果（商）が出る

数だから20ということになります。実際に計算してみるとマイナスになったときに〝チン〟と鳴って教えてくれるので、〝チン〟が鳴ったら、1回転戻して値を読めばよいということになります。このころから〝チン〟はできあがりの合図ってわけですね。

こうやって、四則演算（足す、引く、掛ける、割る）ができる。位を操作することで小数点を含む計算も可能、ちょっと面倒だけれども平方根（ルート）を開くこともできるという優れものです。どうです、半年分の給料の価値があるでしょう？　この計算器が製造されたのは、関東大震災（大正12年）から4年後の昭和2年、東京が壊滅的打撃を受けて復興途上にあったはず。ひょっとしてこれも、復興に際しての大規模建造物や道路工事の計算に使われていたのかも……。ちなみにタイガー計算器は大阪で製造していたようで、製造工場に震災の被害はなかったようだ。

ちょっと〝きな臭い〟話

次に紹介する計算器は第2世代のタイガー計算器。俗に〝虎印の戦前物〟

と呼ばれます（写真2）。この世代まではそれなりにレア品です（まあ、第1世代の足元にも及ばないけど）。虎印の由来は、この世代までは正面左上のマークがトラの顔になっているから。第3世代以降は“Tiger Calculator”と英文字が入っている。ところで第2世代は戦前物というが昭和25年ごろまで製造されていたようで、戦後に製造されたものも多数ある。さっき紹介したものと違い、これはセットする数字が6桁まで、計算結果も12桁までとコンパクトなローコストタイプである。この12桁のタイプは製造数が少ないので特にレア物だとか。確かに、若干安かったかもしれませんが、用途を考えないと安物買いの銭失いになっちゃうかもしれませんから、賢い皆さんは18桁タイプを購入したのかも。ちなみに、製造年は昭和14年。昭和14年には第二次世界大戦が始まったけど、日本が参戦したのは昭和16年に始まった太平洋戦争だから、これは本当の戦前物というわけです。

　ところで、戦時中は手回し計算器が砲弾の弾道計算や戦艦の航路計算に使われたとか。「女子挺身隊の方々が部屋に並べられた計算器を使って、一日中レバーを回し続けて計算を行っていた」ということも聞いたことがある。

写真2
「タイガー計算器第2世代」
タイガー計算器
昭和14年(1939)

この本体の色は真っ黒

もし、計算間違いをすると、戦艦が戦闘に間に合わなかったり、砲弾が自陣に落ちてきたりするのではないかと、プレッシャーと戦いながら計算を行ったそう。単純な作業だけに、かえって苦労も多かったのではないか。

「ひょっとしたら、この計算器も戦争に使われたのかなあ〜」と思ったのですが、実はこれ背面にペン書きがあって、どうやら国立公衆衛生院（東京・白金台）に納入された品物らしい。同院は関東大震災後の復興援助として、アメリカのロックフェラー財団からの建物や備品の寄付を受けて昭和13年に設立された調査研究機関。その後、平成14年にその一部を国立保健医療科学院に改組して残りは廃止された。たぶん、本品は改組・廃止の際に流れ流され、最終的に私の手元にたどり着いたものかと思われる。さすがに、ロックフェラー財団からの寄付品がアメリカとの戦争のために使われたということはないかな。ずーっと、平和利用に供されてきた品物なんだろう。ちなみに、ちょっと壊れているがもう1台、第2世代の計算器を持っている。製造番号から調べると昭和20年製造とか。昭和20年といえば終戦の年。終戦間近か、終戦直後の焼け野原状態で製造された品物となるのだが……。資源不足でさまざまな金属の供出が義務づけられていた戦時中に、鉄の固まりの計算器を作っていたとも思えないなぁ〜。やっぱり、戦争直後の製造か？　でも、調べてみると戦時下でも製造番号が進んでいるんだよね。戦争中も〝計算が必要だから〟ということで別扱いで製造は続いていたのかしらん？

ミリメートルよりはるかに小さいマイクロメートル

タイガー計算器だが、私は一応、第1世代から第6世代まですべての世代をコレクションしている。あっ、すべての種類のタイガー計算器を所持していると誤解しないように。各世代でいろんなバリエーションの機種が製造されているので、私が持っているのはごく一部にすぎない。

では、もう少しタイガー計算器について紹介しよう。もともとは海外製品を参考に製造が開始されたらしい。たぶん、第1世代のNo.59（29ページ参照）は外国製の技術を大いに参考にしているはず。当時、欧米ではたくさんの手回し計算器が製造されていた。第1世代の機種はその計算機構や形状からも、それら機種をよーく研究して作ったと思われる。ただし、少し作りが甘いと

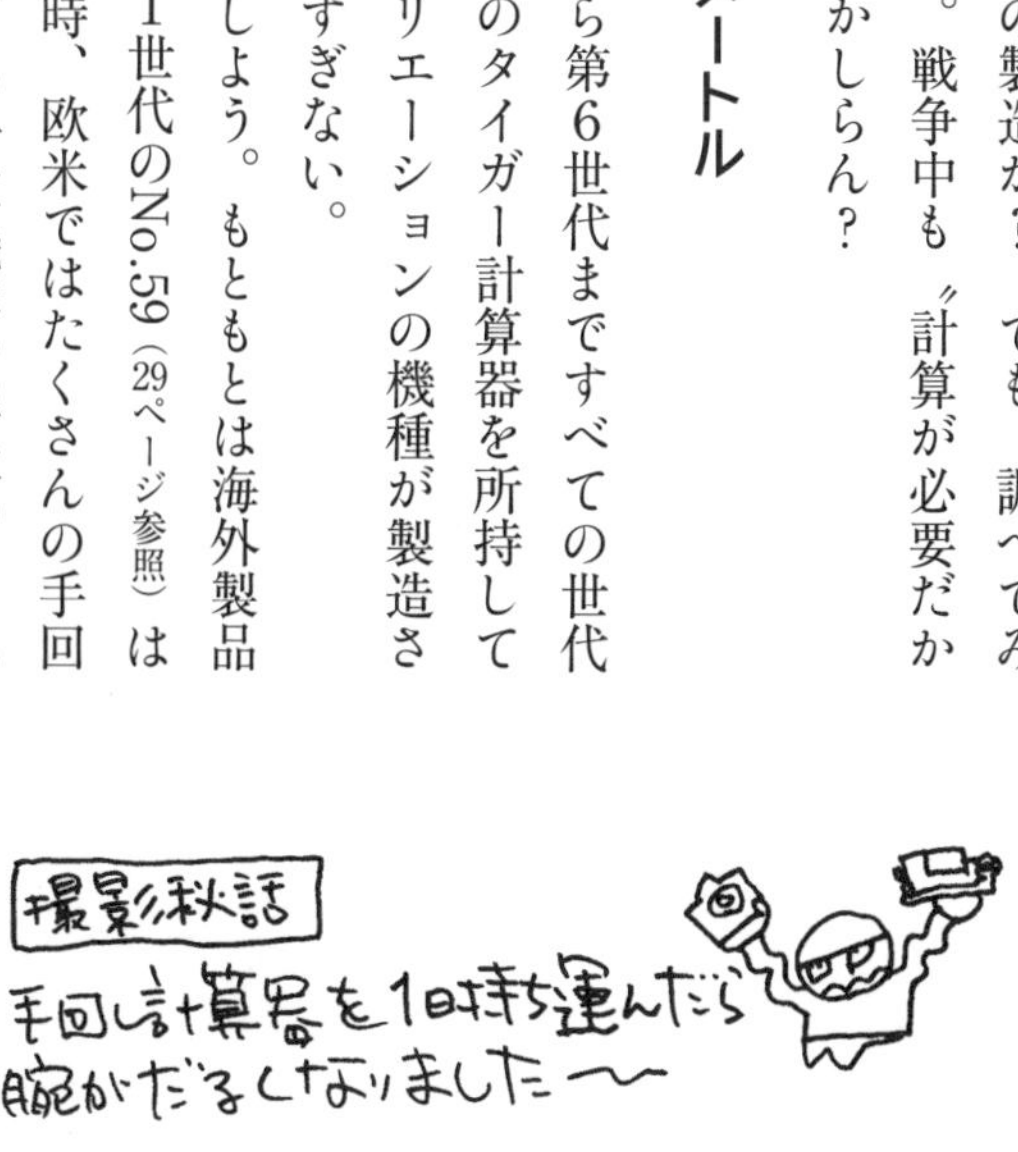

の話。第2世代で技術的に海外製品と負けないぐらい洗練され、第3世代以降は独自の創意工夫を組み込むことで、手回し計算器としては世界トップの技術と精密さを誇っていたとか。実際、第3世代あたりのタイガー計算器の外装を剥いで内部を見てみると、その機構には圧倒される。歯車の組み合わせで計算するのですが、その精度はミリメートルよりはるかに小さいマイクロメートルで工作しているのではないかと感じられるほど。

ちなみに、1㎜は0・001m、1μmは0・000001m。日常生活ではミリメートルでもかなり小さいと感じるが、金属製品の作製でミリメートルも違いがあったら大変。だって、鍵穴より鍵が1㎜も大きかったら、開く・開かない以前に、鍵穴に鍵が入らないじゃん。タイガー計算器はマイクロメートルとまではいわないが、かなりの精度で作られているのは確か。タイガー計算器は第1世代が大正12年に製造開始され、最終モデルの第6世代が昭和45年に製造完了となっている。後で紹介するものも含め、ほぼすべての昭和の計算道具は、昭和50年代初頭までに電卓（電子卓上計算機）に実用計算道具としての地位を奪われてしまった。

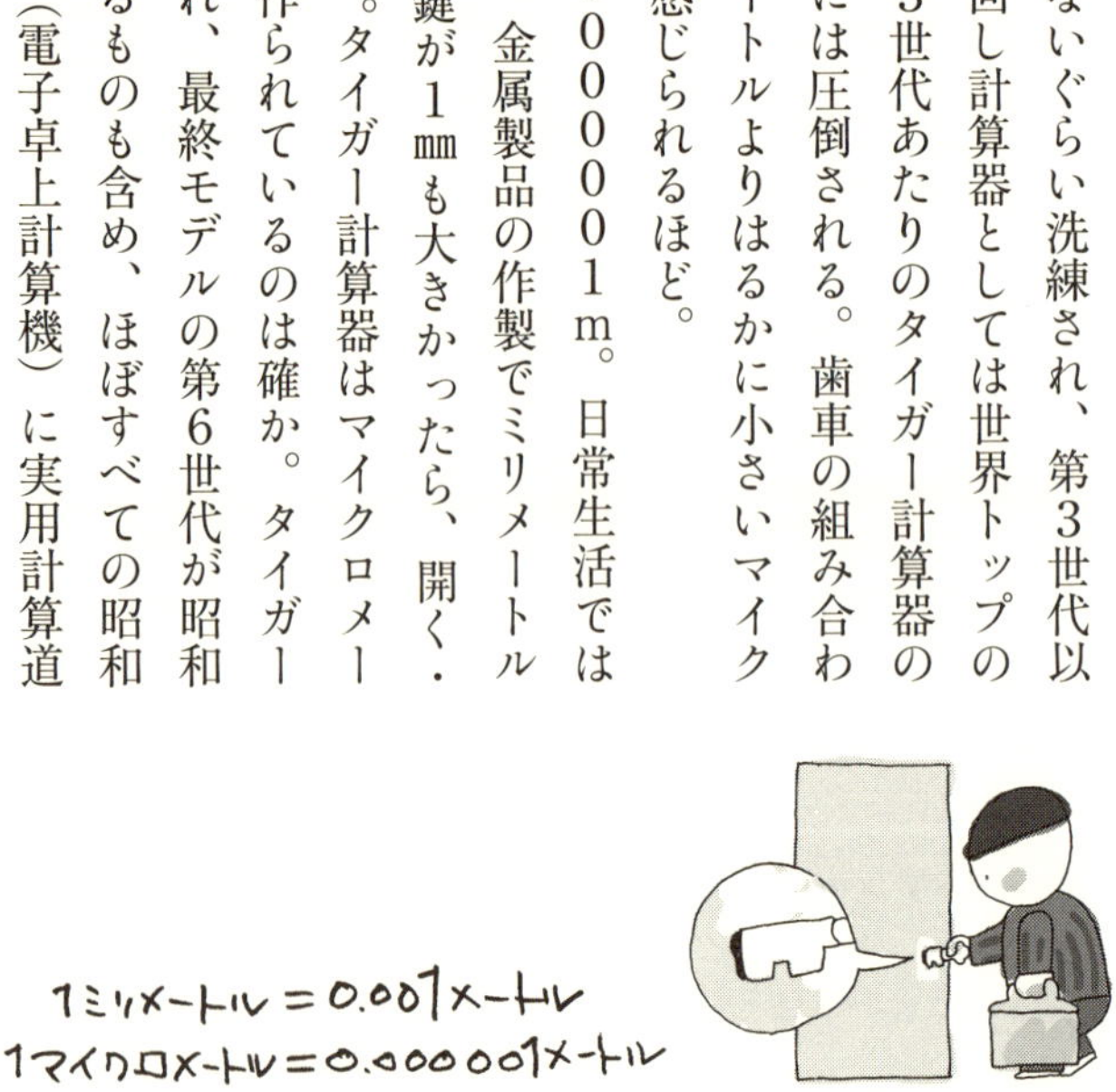
1ミリメートル＝0.001メートル
1マイクロメートル＝0.000001メートル

　ところでタイガー計算器は、昭和28年から昭和45年の製造終了まで3万5000円で価格維持を続けた。第5、第6世代とプラスチック部品が多くなっているのは値上げ回避のためか。新入社員の初任給が、昭和28年で7000円、昭和45年で3万円強ぐらい。製造終了の段階でもほぼ新入社員月収と同じということは、今でいうと20万円程度、やっぱり最後まで〝高値〟の花だったんだ。でも、価格に見合ったアフターサービスで永久保証。永久保証ですよ。かつ現地ですぐ直るときの修理費は無料だったんだって。今のメーカーさんにも見習ってほしい営業方針ですね。

　タイガー計算器は第5世代のころが最盛期で製造数も多く、ネットオークションでもたくさん出品されている。研究所や大学にも戦後多量に納入され使用されたらしい。私の恩師の教授（すでに定年退職）がなでていたのも、この第5世代。前に書いたようにレアではないが思い入れは強いのだろう。若かりしころにハンドルを、くるくる、くるくるって、回しまくって計算したのかしらん。そう、そう、うちの学部長（私より10歳以上年齢が上）は第3世代のタイガー計算器をお持ちのよう。昔の先生から受け継いだとか。たまにメンテナンスをしているが最近動きが悪いというお話。やっぱり、当時の研究費から大枚をはたいて購入したこともあり、思い入れが大きく手放せないのね。まあ、購入したのは昔の先生だろうけど。

ちょっと作りがチープかな

次に、最後のタイガー計算器となる第6世代の機種を紹介しよう（写真3）。ねっ、見るからにオールプラスチックの外装でチープでしょう。実際に外装にひびが入りやすい。でも、さすが最終機種ということで計算機能は充実、ハンドルも軽快にくるくる回る。それに軽い。プラスチックの多用によるよい面での副作用？　ほぼオール鉄の第1世代、第2世代の重いこと、持ち上げると腰にくるわ〜。ちなみに、紹介したこの機種は連乗機能付きである。実は第2世代から連乗機能付きの高級機のバリエーションがあるが、第6世代では標準装備、連乗なしの機種もあるが生産数少なっ！

私も、「連乗って何？」と思ったが、要は〝連ねて乗する〟機能。1度でなく次々と掛け算ができる。掛け算した結果を〝足す数〟にセットする機能

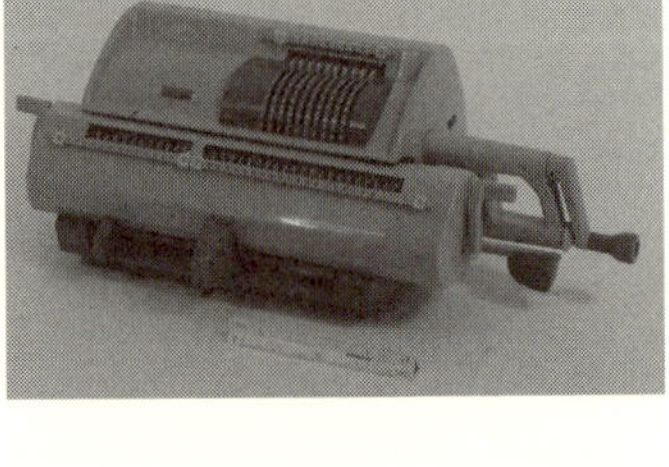

写真3
「タイガー計算器第6世代」
タイガー計算器
昭和45年（1970）

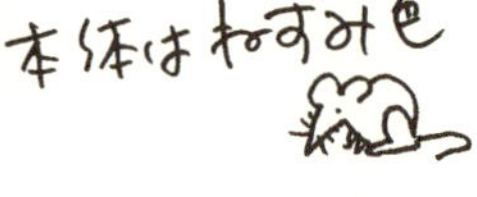

を持っている。具体的に説明すると14×4×3を計算する場合、足す数に14をセットして4回ハンドルを回すと14×4の答え56となる、ここでレバーをガチャコンとやるとこの56が〝足す数〟にセットされるのでそれを3回足すことで、14×4×3の答え168が得られるというような感じ。これを繰り返せば連乗の計算が可能。うーん高機能!!　この計算器はタイガー計算器の最後を飾る昭和45年製造で、47万台の製造番号である。タイガー計算器は〝永久保証〟だから、製造番号と台数が等しいとすると、47万台のタイガー計算器が稼働していたことになる。当時の日本人口が1億強ぐらい、おおよそ200人に1台という勘定になる。多いか少ないかの感じ方は人によって違うと思うが、価格のわりにすごく普及したと思える。最後のころでも給料1カ月分の値段と考えると、計算をするうえで必需品だったのだろう。日本の近代化はこの計算器なしには成し得なかったのかもしれない。

森鷗外の『小倉日記』にも出てくるのね

ところで、タイガー計算器が〝日本製初〟の機械式計算器と思われていた

「タイガー計算器第５世代」（本文未掲載）の説明書

のですが、[注5]矢頭良一《やずりょういち》氏が計算機構まで含めて独自に開発した自動算盤というのが明治時代に作製されている。森鷗外の『小倉日記』に出てくる。失われた機械と思われていたが、現物が矢頭良一氏の親戚の家で発見され、現在は北九州市立文学館に所蔵されている。当時の外国製の手回し計算器を上回る性能があったとか。この発見された自動算盤は２００８年度の機械遺産[注6]に認定されている。九州在住のころ見とけばよかったなー。まあ、あのころは計算道具にそれほどの興味もなかったし。

　また、手回し計算器の発展形でモータードライブ機構を備えた電動機械式計算器というものも存在した。私自身、現品に触れたこともないので無責任なことは書けないが、どうやら〝手で回す〟仕組みを〝モーターで回す〟機構に置き換えたもののようである。確かに、楽にはなるかなー。

　ちょっと、手回し計算器を見つめすぎて目が回ってきたので、２時間目はこのぐらいで。では。

注5
矢頭良一（１８７８年～１９０８年）：この人はすごい。明治時代の日本の発明家。ここで紹介した自動算盤も画期的だが、後にエンジン搭載の飛行機の開発なども試みている。31歳で早世したのが惜しまれる。長生きされていたら日本の飛行機の歴史が変わっていたかもしれない。

注6
機械遺産：（社）日本機械学会が、日本国内の機械技術面で歴史的意義のある「機械遺産」として認定。東海道新幹線０系電動客車なんてものも認定されている。

ドクターアキヤマの〝どうでもいい〟豆知識　その1

昭和プラス前後の物価の推移

本書でも、計算道具の価格や当時の物価について触れているが、もうちょっと真面目に。といっても公務員の俸給表などを調べてみただけだが、昭和プラス前後の物価の推移をまとめてみた（44ページ表参照）。まあ、公開されている公務員の俸給表に間違いはないと思うが、それ以外は解釈の仕方や資料によって若干のバラツキがあるので、だいたいこの程度だったぐらいの気持ちで考えていただくとありがたい。

明治後半から戦前（戦時下を除く）は、ほぼ物価は一定していたようである。戦後、一気にものの値段が上昇、昭和21年から昭和25年の間で10倍程度のインフレ、まるでどこかの外国の話みたい。その後、徐々に落ち着くというか、高度経済成長でそれなりにインフレは進むが、見合った給料の上昇で若干の凸凹はあるが好景気。

昭和48年の第1次オイルショックで物価（給料）も一気に上昇（石油価格が70％も上がったからね）。いったん落ち着くが、バブル景気の時期（昭和61年～平成3年）に若干の物価（給料）上昇というところでしょうか。その後はバブルがはじけて、いろんな意味で低迷、たばこ（ゴールデンバット）は税金の上昇に合わせて順調に値上がりしてるけど。ところで、私、どうしてこんなところで経済の勉強をしているんだろう……。

そうそう、実は戦争直後に物価統制令という法律が制定・施行されている。戦後のインフレを防ぐ目的で、平たくいうと〝異常に高額の取引は認められない〟という内容らしい。事実上役割を終えたような法律だが、今も生きていて、公衆浴場の料金はこの法律で入浴料金が規定されているとか。ちなみに、健康ランドとかスーパー銭湯は公衆浴場ではないそうで、この法律の守備範囲外です。

まあ、本書に出てくる計算道具の価格と発売当時の物価を比較していただいて、売られていた当時に自腹で買ったらどのぐらい懐が痛かったかを想像してもらおう。

年	公務員初任給（現Ⅰ種相当）	たばこ（ゴールデンバット）	鉄道料金（東京 - 大阪）
明治 40 年（1907 年）	55 円程度	5銭（10本）	3 円 70 銭 +1 円（急行）
大正 15 年（1926 年）	75 円程度	7銭（10本）	6 円 5 銭 +1 ～ 2 円（急行）
昭和　5 年（1930 年）	75 円程度	7銭（10本）	6 円 5 銭 +1 ～ 2 円（急行）
昭和 21 年（1946 年）	540 円	1円（10本）	36 円 +10 円（急行）
昭和 25 年（1950 年）	4,223 円	15円（10本）	620 円 +10 円（急行）
昭和 35 年（1960 年）	10,800～12,000 円	30円（20本）	1,030 円 +300 ～ 800 円（急行）
昭和 44 年（1969 年）	27,906～31,306 円	30円（20本）	2,230 円 +1,500 ～ 1,900 円（新幹線）
昭和 50 年（1975 年）	80,500 円	40円（20本）	2,810 円 +2,200（新幹線）
昭和 55 年（1980 年）	101,600 円	50円（20本）	5,700 円 +4,200 円（新幹線）
昭和 60 年（1985 年）	118,800 円	70円（20本）	7,600 円 +5,000 円（新幹線）
平成 元 年（1989 年）	146,600 円	90円（20本）	8,340 円 +5,140 ～ 6,090 円（新幹線）
平成 24 年（2012 年）	181,200 円	200円（20本）	8,510 円 +4,730 ～ 5,540 円（新幹線）

3時間目

巨人に挑む小型のアリたち
手回し計算器②

破損しやすいのが特徴です

さて、次はタイガー計算器のライバルたちを少し紹介しよう。ライバルといっても、最後までタイガー計算器のシェアにははるかに及ばなかったようで……。まあ、今も昔もよくある。シェアを稼がないともうけが少なく、下手すると損失が出て、結局撤退や縮小するところも出てくる。現代にも通じる話。

戦前のライバル（ライバルといっても巨人に挑んだ小型のアリという感じ。ちょっと失礼か。ごめんなさい）というと太陽計算器でしょう。この機種もなんとか手に入れることができまして（写真4）、写真のものは、おそらく太陽

写真４
「太陽」
太陽計算器
昭和９年（1934）ごろ

計算器株式会社設立の昭和9年当時の品だと思います。

巨人に挑むアリとは書きましたが、自社販売以外に別会社に供給（今でいう[注7]OEMかしらん）するなど頑張っていたようです。形状はタイガーの第1世代と同じくチョウの羽形のレバーを使う形式で、設立者がもともとタイガーの技術者だったとか。OEM供給とか、会社を辞めて別会社を設立とか、戦前も現代もちっとも変わんないや。

ちなみにこの太陽計算器、戦前に一度、丸善株式会社に買収されてマルゼン計算機（昭和13年製造開始）を作り、戦後、再興してタイヨー計算機株式会社となり、タイヨー計算機を製造しています。戦後の再興直後と思われるモデルも持っていますので紹介しておく（写真5）。見た目も機構も戦前モデルとほとんど変わんないようですが、再興直後のものは指針（計算器の数字窓の側の〝針〟みたいな部品）がプラスチックで非常に破損しやすいのが〝特徴〟です。

タイヨー計算機のこのころのモデルまではお世辞にも品質がいいとはいいがたいが、この後に発売したモデルぐらいからは内部機構も含めて品質も

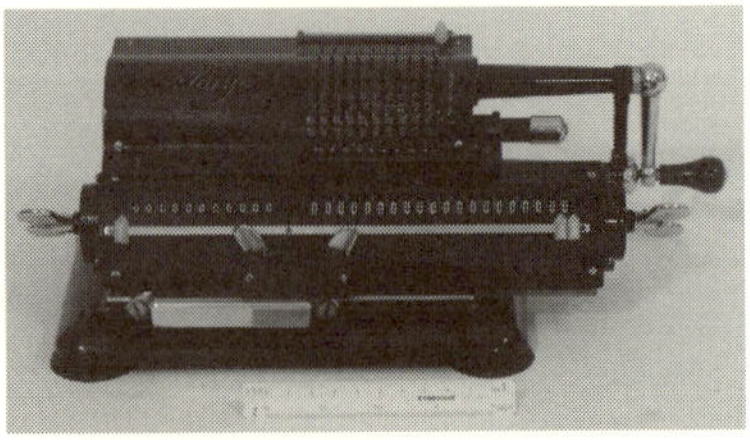

写真5
「タイヨー No.20」
タイヨー計算機
昭和 20 年代
(1945～)

注7
OEM：Original Equipment Manufacturer; 相手先ブランド製造。

ぐっと向上したようである。

今のインテルがあるのは、日本の、お、か、げ

実は、戦後最もタイガー計算器のライバルに近いと考えられるのはタイヨー計算機（太陽計算器）ではなく、タイガー計算器に続くシェアを獲得した日本計算器株式会社の製品だと思われる。現在でも手回し計算器として同社の製品がネットオークションに多数出品されている。この会社、その後、販売部門をビジコン社と改称。アメリカのインテルに資金供給し、現在のパソコンの頭脳である元祖〝４００４〟[注8]を開発させたという、知る人ぞ知る会社です。あの、インテルですよ、パソコンのＭＰＵ（Micro-Processing Unit）で〝がっぽり〟稼いでいる。当初は開発した４００４の独占販売権をビジコン社は持っていたらしい。今思えば、えーっ、なんで独占販売権を手放したのっ!!　て感じ。

後の日本計算器株式会社が、富士星計算器製作所の名称で会社を設立したのは戦中の昭和17年だったみたいです。設立者の小島義雄氏がタイガー計算

注8
Intel4004：１９７１年に出荷が開始されたシングルチップのマイクロプロセッサ。その名前のとおり内部構造は4ビットのCPUで、46種類の命令セットを実行することができた。

器を退職した平田勝次郎氏を雇って始めたとか。結局、源流はタイガーか。実際に手回し計算器を販売したのは日本計算器株式会社に改称した後で、戦後の昭和23～24年ころかららしい。最終的にはいろいろと改良を加えたモデルを発売して、タイガー計算器のライバルにかなり近い存在だった。ここで紹介する私のコレクションは、その日本計算器株式会社が初期に発売したモデル〝富士星印計算器〟です（写真6）。これも超重～い。見た目もタイガーの第2世代っぽいし。実はこの品物は私がインターネットオークションで入手した手回し計算器の1代目で、「失敗したぁ～」と思った品物である。

まず、動作保証なしで入手したのですが、入手時にハンドルがピクとも動かなかった。若干のメンテナンスでかろうじてハンドルが回るように整備したが、よく内部の歯車が嚙《か》んで固まる。そのたびに、開腹・メンテナンスとなる。さらに本当に悔しかったのは、戦後、日本計算器は富士星印計算器を作って売り出したという情報を入手していたのだが、その機種は右下に〝Nippon Calculating Machine Co.〟という文字が入っている。ところがオークションに掲載された写真には〝Nippon Calculating Machine Co.〟という

写真6
「富士星印計算器」
日本計算器
昭和23年（1948）

文字がない。これはひょっとして日本計算器の前身である富士星計算器製作所が戦中に製造した幻の機種か、とあらぬ欲を出して落札してしまった。でも実際に手に入れてみると、光にかざしてようやく見える程度に薄く"Nippon Calculating Machine Co."と印刷されていた。ガックシ。

でも、実はそれなりに貴重品。指針が金属製の初期型[注9]の富士星印計算器はあまり現存していないようである。私の出身大学にあるのは確認しているが、それ以外見たことがない。製造番号も4桁の若い番号。でもタイガー計算器と違って製造番号で製造年はわかんないんだよね〜。ビジコン社にも記録が残っていないとのこと。あっ、ビジコン社ですが、手回し計算器の製造終了後も電卓メーカーとして名を馳せていたみたいですが、電卓の低価格化とニクソンショックなどの影響で昭和49年に和議申請。現在、関連会社が存続している状況のようである。

結局、特許争いで敗れ去ったの？

機械式計算器を作っていたのはタイガー計算器株式会社、タイヨー計算器

注9
初期型の富士星印計算器：最近さらに古い富士星印計算器を入手した。これには右下前面に"日本計算器株式会社"と記されている。初期型の中の初期型だろう。

株式会社、日本計算器株式会社と、いずれも、現代ではあまり耳にしないところが多いが（すいません、また失礼なことを言って）、なんと、皆が知っているあの大手家電メーカーの株式会社東芝も作っていたんです。その名も〝ブルースター〟（写真7）。当時から東芝は電気の大手メーカーですから、発売前から大いに期待されていたらしい。

ただし、最初に開発・発売したのは東芝ではなくて、姉妹会社の東京電気株式会社（現・東芝テック）が開発、提携先の日本事務器株式会社が自社ブランドで発売したみたいである。写真の計算器は東京電気株式会社とロゴが入っているもの。実際の計算機構ですが、外国製品を大いに参考に作られているようで、ある意味がっかり。戦々恐々だったライバル社はひと安心。初代機からさまざまな改良を加えて最終的には東芝ブランドでも発売したようだが、結局、タイガー計算器の牙城を切り崩すほどにはシェアも伸びなかったとか。前に、東芝科学館（川崎）に仕事で伺ったのですが、この東芝ブランドの後継機が歴史コーナーに展示されていたことからも、東芝の歴史を飾る計算器なんでしょうね。

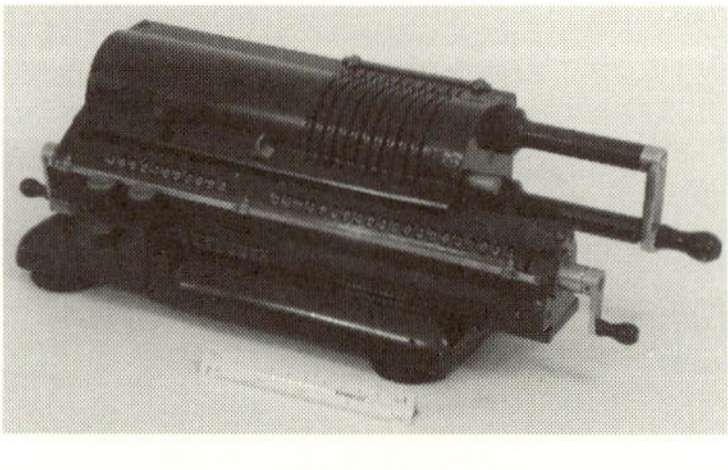

写真7
「ブルースター20型」
東京電気
昭和27年(1952)ごろ

ほかにも昭和の手回し計算器を作っていたところはいくつかあるんですよね。でも、やっぱりタイガー計算器が最後まで最大手だったのは、もう書きましたよね（例外的に特殊用途でシェアを獲得というのはあったようである。外国製品を参考に開発し、小型化に成功したパイロット[注10]の計算器などは軽くて持ち運びが楽だったので、ラリーカーなどの自動車レースで大いに重宝がられたとか）。その理由ですが、実際にさまざまなメーカーが作った計算器を使ってみると、タイガー計算器の洗練された機能と操作性が実感できる。

たとえば、タイガー計算器以外は、足し算するときにセットした数字のノブがクランクと一緒にクルクル回るのですが、第3世代以降のタイガー計算器は回らず固定されている。専門用語を使うと、出入り歯車式[注11]から扇形歯車式に改良したためということらしい。また、足す数としてセットした数字をリセットするとき、つまり全部を0に戻すときも、タイガー計算器が早い時期からレバースイッチ一発で、外から見えないように機械内部でリセットするのに対して、太陽（タイヨー）やブルースターって、手ですべてを0にそろえるように金属棒で戻す機構だし。

注10
パイロットの計算器：正確にはパイロット計算器は国内メーカのキーバーを買収して製造された。そのキーバーが販売していた計算器は、外国製品を参考に開発された。

注11
出入り歯車式、扇形歯車式：この説明は難しい。私が説明可能な本書のレベルを大きく逸脱している。まさに、「詳しくは巻末に書いた参考文献や参考ホームページを見てね！」ということで勘弁。

でも、別に他社が手を抜いていたのではなくて、タイガー計算器の特許戦略によって、どうしようもなかったようである。手を抜いていたのではなく〝手をこまねいていた〟というのが正解か。さっきOEM供給や会社を辞めて別会社を設立など現代に通じると書きましたが、これも同じ。他社より一歩先んじて開発を行い、その技術を特許で守ったのがタイガー計算器株式会社。日本は特許戦略に弱く、おいしいところを欧米の企業に持っていかれていると聞くが、そういうのが上手な企業が昔から日本にもあった（タイガー計算器は大正時代に創業!!）。結局、他社は特許争いで敗れ去ったというわけか。

さて、ちょっと早いですが3時間目はこのぐらいで終了といきますか。くれぐれも、あの先生早く終わったなどと大学に告げ口しないように。では。

4時間目
算盤
ローラースケートでも車のおもちゃでもありません

果物は〝かぶつ〟と読むと信じていた

次に、昭和の計算道具というよりも、古くから使われて〝今もそれなりの地位を保っている〟計算道具を紹介しよう。その名も〝算盤〟である。算盤と書いて〝そろばん〟と読む。私は長ーいこと〝さんばん〟と読むと信じていた。皆さん、そんな恥ずかしい記憶はないですか？　実はほかにも、果物は〝かぶつ〟と読むと信じていたし……。いや、〝そろばん〟や〝くだもの〟の意味と知らなかったわけじゃないですよ、そういう読み方もあるとなぜか信じていただけで。しかし、今さらながら、私は理系に進んでよかったと実感するな（苦笑）。

私が子どものころは、まだ、実用品として小学校で算盤の使い方を教えていた。私もケースに入れた算盤を持って小学校に通っていた記憶がある。手塚治虫の『ブラック・ジャック』にも算盤大会の話[注12]があるし、昭和40年代〜50年代ぐらいまでは普通に使われていた。でも、私は算盤を計算道具とみなすよりも、ひっくり返して廊下で車のおもちゃ代わりにして遊んだり、算盤を二挺（〝ちょう〟と読む。または〝面《めん》〟という数え方もある）並べれば、ローラースケートになるんじゃないかと空想していたな。私が小学生のころ、はやっていたんだよね、ローラースケート。今風の車輪が一列に並んだインラインスケートではなく、車輪が2列に並んでいるやつ。で、どうしても欲しくって、結局、誕生日にプレゼントとして買ってもらったのはいいけど、うまく滑れなかったのよね、昔から運動神経がちょっと……。

別に不正をしているわけではない

では、これが天1珠《てんいちだま》、地4珠《ちよんだま》の算盤である（写真8）。別に、私が30数年前の小学生のときに使っていたものではない。そこまで物持ちがよい人ではない。

写真8
「トモエそろばん」（天1珠、地4珠）トモエ算盤
昭和40年代〜昭和50年代（1965〜1984）

注12
算盤大会の話：原作だと第74話の「なんという舌」、アニメだとKarte:26の「そろばんの天才」。

最近安価に手に入れた新品のトモエ算盤株式会社製で、2000円の値札がついているが製造年は不明。この手の算盤が2000円だったのっていつごろかしら？　たぶん、昭和40年代～50年代ぐらいのことだと思うのだが。

先日、大学3年生に「算盤を使ったことがある人？」と聞いたところ、かなりの数の学生の手が挙がった。まあ、現役の計算道具というよりは暗算が速くなるということで小学生の習い事[注13]ででも使ったのだろう。手先と頭を使うので老化防止にもよいと聞くし。少なくとも私の試験に算盤を持ち込んで計算している学生は見たことがないな。あっ、学生の名誉のためにいっておくが、大学の試験は計算道具（普通は電卓、それも理系は関数計算機能付きの関数電卓）持ち込み可の試験は一般的で、別に不正をしているわけではないので誤解しないように。

実際に指を動かさないと

経験者が多いということは使い方を知っている人も多いのだろうが、小学時代の記憶をたどりながら、一応、使い方の説明をしてみたいと思う。

注13
小学生の習い事：「習い事で」なんて書いたが、娘たちに聞いたところ今でも小学校でちゃんと算盤を教えているらしい。まあ、マイ算盤じゃないけど学校に備品としてあるのを使うとか。

算盤のくぎりの木（梁《はり》というらしい）より上に珠《たま》が1つあり、梁より下に珠が4つある。そこで、この形状の算盤を、梁で分けて天1珠、地4珠の算盤という。

「じゃあ、それ以外があるか」って？

それはまた後で。

昔はよく「ご破算《わさん》で願いましては」のかけ声で算盤の計算を始めるシーンをテレビで見たが、要はこのかけ声で計算をリセットして新たに始めますよということらしい。最初に、天の1珠を上（梁と逆側）に、地の4珠をすべて下（梁と逆側）に移動させる。これでリセットされてゼロになる。天珠は

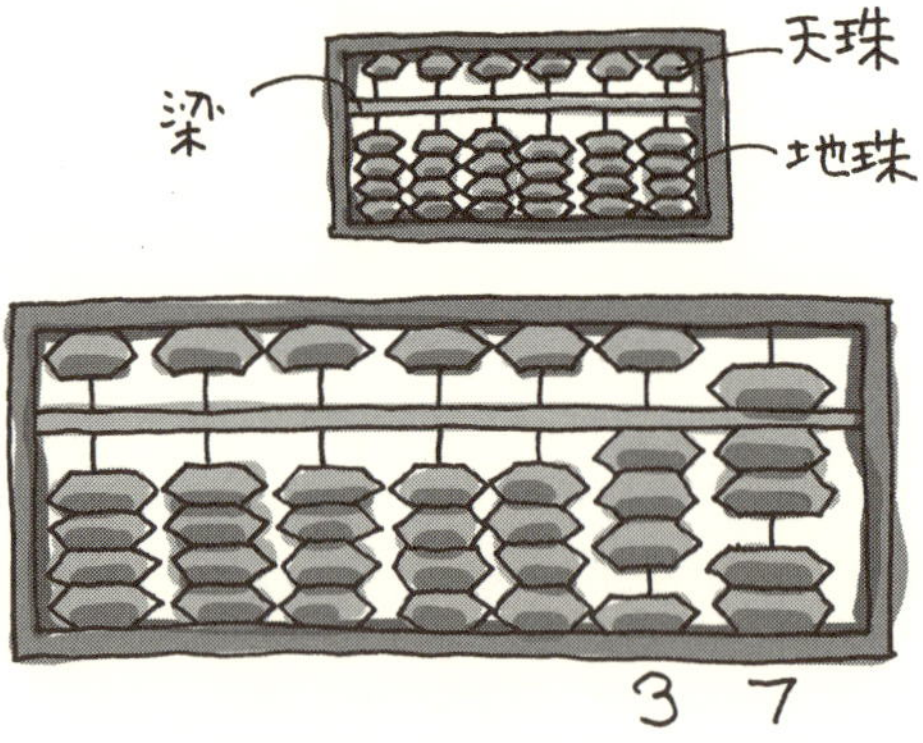

天1珠、地2珠が置かれていれば7。
ひとつ上の桁に地珠が3置いてあれば37。

下（梁側）にあるとき〝5〟を意味し、地珠は上（やっぱり梁側）にあるとき、珠1個につき〝1〟を表す。ちなみに、梁側に珠を移動させることを〝置く〟、梁と逆側に移動させることを〝払う〟という。基本は地珠を上げるときに親指を使い、あとは人差し指で上げ下げする。ハイ、これだけである。

これで説明終わりかよと苦情が出そうだが、実際に算盤の前で指を動かさないと、文字で書いてもわからないというのが本当。これらの数字のセットの仕方を覚えて、繰り上がりや繰り下がりを考慮しつつ、足し算、引き算をする。あとは、省略、勘弁してね。なんせ〝小学生のときの記憶〟ですから。正直、算盤での計算は頭の中で暗算も駆使しないといけないし、指もパチパチと高速で動かすので、頭と指先の体操にはもってこいだ。

天1珠、地4珠あれば、一つの位で0から9まで表せるから必要十分。10になったら一つ上の桁の地珠を1置けばいい。つまり、すべて払ってあれば0だし、天1珠、地2珠が置かれていれば7、さらに、一つ上の桁に地珠が3置いてあれば37ということになる。これで算盤の桁の数だけの桁数の数字を表現できる。でも、この天1珠、地4珠の形式の算盤は〝日本で発明された画期的な算盤〟なんです。前に書いたように暗算力向上や老化の防止、場合によっては本当に計算道具として、けっこういろいろな国に算盤が普及しているらしいが、この天1珠、地4珠の日本式の算盤が出回っている。「トモエそろばんは、東南アジアをはじめ、アメリカ・ヨーロッパなど世界48カ国に普及している」とのこと。日本に伝来したころ算盤は少し形が違っていた。つまり、本来あったものからヒントを得て、より実用的に改良した日本のアイデアが世界を席巻した例といえるのかな。

宝くじでも買ってみようかしらん

天1珠、地4珠の算盤は日本の発明だが、算盤自体は中国から室町時代に日本に伝わってきたらしい。では、その伝来した算盤はどんな形状であったかということで、中国製の算盤を紹介しましょう（写真9）。

はい、ルール違反です。〝昭和の日本製〟という私のコレクションの制限から逸脱した品物。まあ、こんなのもありということで。中華人民共和国（昭和24年建国）製と銘が入っているので、戦後製で、現在も使われているタイ

写真9
「中国製の算盤」（天2珠、地5珠）
中華人民共和国
昭和24年（1949）〜現代

プ。これと同じ形の算盤が〝金運のお守り〟として、中国では海外旅行者向けに売っているようである。実は、私も1個持っている。お金が入ってくる実感はまだないが、ここはひとつ宝くじでも買ってみようかしらん。それともこの本がベストセラーになるとか!?

さて、中国製の算盤であるが、さっき紹介したものとは様相が異なっている。まず、珠の形が〝つぶれたお団子〟みたいな丸い形で、ひし形みたいなトモエそろばんとは違っている。また、天2珠、地5珠と珠の数自体違う。この形の算盤が日本に伝来して、輸入品または日本でコピー品を作って長い間使用されていたとのこと。その証拠に古い日本画に、商人と一緒にこの形の算盤が描かれたりしている。珠の形はデザインの問題（実際には中国の丸い珠はなでるように操作するらしいので、ひし形の珠とは操作性も異なる）として、なぜ1桁の珠数がこんなに多いのか？　一つの桁の珠をすべて〝置いた〟とすると、天2珠で10、地5珠で5、15ということになる。一つの位を表すには多すぎる、さて、なぜか？？？

答えは中国を元祖とする度量衡にあり、尺斤法では重さの場合は1斤が16

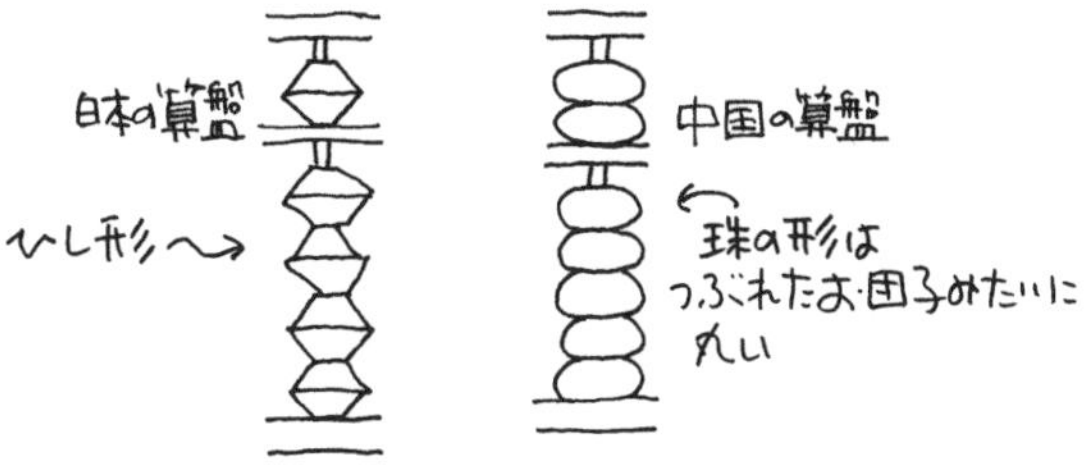
日本の算盤
ひし形へ
中国の算盤
珠の形は
つぶれたお団子みたいに
丸い

両、つまり16進法[注14]が必要だったためというのが通説（日本では尺貫法というが、貫《かん》は日本独自の単位で斤《きん》の上の単位。なぜ日本で貫が生まれたのか、重さのインフレが進んだのかな?）。尺斤法では、16両で1斤なので一つの位で15まで表す必要があった。なるほど、16進法か！　この算盤の使い方がわかった。ちなみに、長さの1尺は10寸なので10進法か……。アリャ?　でも、重さ以外に、貨幣でも250文《もん》で1朱、4朱で1分《ぶ》、4分で1両（16朱）と、微妙に16進法を使う機会があったはず。ついでに、除算乗算では一つの位に10以上たまることがあったので、そのとき便利だったとかの話もあるが、私自身は算盤の使い方に〝詳しくない〟のでよくわからない。

ちなみに現在、日本では計量法の規定により商取引などで尺貫法を用いることは禁止されている。国際単位系に則って、長さはメートル、質量（厳密には重さとは違う）はキログラムを使う。でも、世界中の国が国際単位系を日常用いているかというとそうでもない。アメリカでメートルとキログラムを使っているのを聞いたことがない。

私が10年ほど前の留学中にカリフォルニアで取った運転免許にはフィート

注14
16進法：16になると一つ位が上がる計算法。今我々が普通に用いているのは10になると位が上がる10進法。

とインチで身長が書かれているし、体重はポンド表示、つまり公式の書類がこの状況。スーパーの肉もポンド売りでガソリンはガロンで売っていた。温度も摂氏なんて使っていない。体温も96F（ファーレンハイト）で平熱なのだ。高速道路（フリーウエーっていいます。無料の場合が多いけど無料の意味のフリーではない）も80という制限速度表示。当然、時速80kmではなくて時速80マイルという意味である。1マイルは1・6kmだから、つまり時速128kmで、片道6車線の道路をびゅんびゅん飛ばしているのが普通のアメリカ人である。

あの有名私大のW大学より古い

日本で算盤が盛んに作られ始めたのは、戦国の世が落ち着き、経済活動が発達してきた江戸時代になってからである。大陸との貿易港であった長崎の〝長崎そろばん〟、滋賀県大津の〝大津そろばん〟などが日本での算盤製作の始まりで、江戸中期〜幕末になると兵庫の〝播州そろばん〟や島根の〝雲州そろばん〟などの〝ブランド〟物がはやったらしい。

ちなみに、東京理科大学の近代科学資料館には、江戸時代に使われた〝携帯型紙製そろばん〟がある。紙製なので、柘《つげ》や黒檀《こくたん》などの高級木材を珠に使った算盤よりはるかに安価だったと思われるが、現在まで残っているという点で希少。しかし、東京理科大学の近代科学資料館〝計算道具〟のコレクションはすごい。私のコレクションなど足元にも及ばない。でも、同館になさそうな希少品（迷品？）を持ってたりもするが。

次に、日本で珠の形が改良された初期型の算盤を紹介しよう（写真10、11）。21桁の天2珠、地5珠の比較的小型（横幅22㎝）の算盤と、1桁が同じ珠数で31桁の大型（横幅49㎝）の裏板付き算盤である。

大型のほうは裏板に〝明治十四年に之を得〟と書いてあるので、それ以前の製造と思われ、かれこれ130年以上前に作られたものということになる。明治14年というと大隈重信侯が明治14年の政変で下野した年。大隈重信は明くる明治15年に有名私立大学の大本である東京専門学校を開校したはず。ということは、うちの大学と正月早々から箱根[注15]で激戦を繰り広げているあのW大学より古い算盤ということになる!!

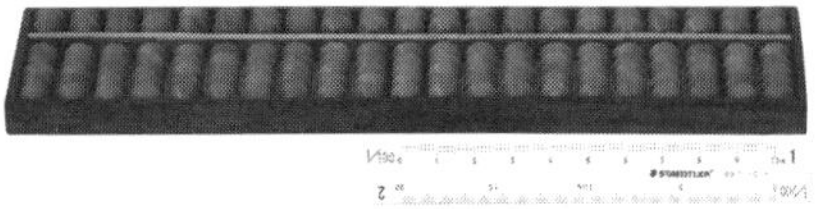

▶写真10
「小型算盤」（天2珠、地5珠）
日本
江戸時代〜明治時代
（1800年代）

◀写真11
「大型算盤」（天2珠、地5珠）
日本
明治14年（1881）以前

……いえ、別にだからどうというわけではないですが。

小型のほうはえらくきれいな状態で、ほとんど使われた形跡がない。製造年を表すものは何もないが、この珠数は大正時代まで生き残っていないと思われるので、明治期の製造物ではと推測している。またまた、私のモットーに反して昭和製ではなさそうである。これ以外にも、ひょっとして坂本龍馬が生きていた幕末製か、と思われる品も所持しているが、珠や軸の欠損などで残念ながら完品ではない。

このころの算盤はいずれもたいてい裏板付きである。商店などでは、この裏板を有効に活用したとの話である。裏板があることで、商談の際に相手側から〝いくらの値〟を示しているかを隠すことができる。つまり、どこまで〝勉強できる〟かを、さらすことなく商談の駆け引きができるというわけである。

ところで、〝勉強〟は強いて勉《つと》めるということで〝精いっぱい努力して頑張る〟という意味らしい。だから商談で値引きするのも〝利益を減らしても精いっぱい努力し、安くします〟で〝勉強する〟。学生が学習するのも〝精いっぱい努力して頑張る〟ということで〝勉強する〟。

注15
箱根で激戦：残念、本書が発行された平成25年、うちの大学は正月に箱根で走れなかった。大丈夫、そういうこともある。すぐに復活するさ、箱根の山を駆け抜けるのだ!!

江戸時代から現代まで使われてきた、日本の算盤と中国の算盤（右端中央の１挺のみ）。大きさも珠の数も多種多様だ

昔、「趣味は？」と尋ねたら「勉強です」と答えた学生がいたが、よっぽど〝精いっぱい努力する〟のが好きなのだろう。最近会ってないけど、体を壊していなければいいのだけれど……。

江戸末期から明治初頭ぐらいまでの算盤は中国伝来の天２珠、地５珠の形式を維持していた。ただし、珠の形は丸い〝つぶれた団子〟形からひし形に日本で改良されている。それまでの珠を〝なでて〟計算する方法から、珠を〝弾いて〟高速に計算できるように改良したものと推測される。

結婚祝いには電卓にマジックで〝おめでとう〟

明治期になると、この珠の数が変化して天1珠、地5珠が一般的になった。まあ、基本10進法でしょうから、天2珠はいらんでしょう。この形式は大正、昭和を通して長いこと使われた。昭和10年に文部省令[注16]が出て、珠算教育が尋常小学校で必修科目となった。この際に、地5珠から地4珠へ算盤の珠数が変わったといわれている。しかし、私の感覚では昭和50年ぐらいまでというか、算盤が一般に計算道具として使われていた最後まで、地5珠の算盤もたくさん流通していたように感じられる。

実際、私が子どものころにおもちゃにしていた算盤も天1珠、地5珠である。私の母も昭和10年を過ぎて生まれているが、普通に天1珠、地5珠の算盤を愛用していた。祖母の世代は当然天1珠、地5珠の算盤を使っていたはずだから、算盤は頑丈で壊れにくいということで、明治生まれの算盤も昭和の最後まで使用されていたのだろう。

では、昭和8年生まれ（たぶん）の算盤を紹介しよう（写真12）。典型的な裏

注16
昭和10年の文部省令：「計算ハ、暗算、筆算、珠算ヲ用フ」と記されている。さらに、17桁の算盤を用いるとか、桁区切りは4桁でとか書かれていたらしいが、一般にはあまり普及しなかったみたい。

板付き天1珠、地5珠の品物である。なぜ昭和8年と推定したかを説明すると、これ裏板に「昭和8年、結婚祝いの儀」って銘が彫ってある。たぶん、商家の跡取り息子でも結婚したんじゃないかと思う。商人だったら、算盤勘定ができないと一人前といえないでしょうし、ひょっとしたら嫁の次の、自分の命の次ぐらいに大事にしないといけない品物だったのかもしれない（まあ、新婚だし嫁が一番ということで）。これにならって、今度卒業生が結婚するとき、百円ショップで買った電卓にマジックで〝おめでとう〟と書いて贈ろうかな。二度と連絡こなくなるかも。

ついでにもう一つ紹介しておこう（写真13）。特に変哲のない天1珠、地5珠の算盤であるが、〝かとりせんこう　ライオン巴型〟との銘がある。たぶん、今でいうノベルティグッズだろう。販促品かそれとも懸賞のおまけか？蚊取り線香と算盤の間に何の関係があるのかしら？と思っていたが、ここまで書いて重要な共通点に気づいた。ともに、エコ商品じゃないか。蚊取り線香も一時〝死語〟になりかけたが、一度火をつけたら停電になっても大丈夫（火の用心は必要ですよ）ということで復権気味だし、算盤も、電気もガソリン

写真12
「昭和初期の算盤」（天1珠、地5珠）
昭和8年（1932）

も、ましてやガスも必要ない超エコ商品。なるほど、こういうわけか（まあ、今では、なぜこの商品にこのノベルティグッズ？？？　というものだらけであるが）。

算盤は昭和期の長い間、計算道具の主役であったのは確かである。今となっては〝ものすごく身近で誰でも使える〟という状況ではなくなったにしても、今でも珠算大会が各地で開催されるなど根強い人気がある。なにせ少なくとも世界48カ国に普及しているんですから。数のうえでは英会話や算数系の教室に負けるかもしれないが、子どもの習い事の一つと目されている。

ということで、外も暗くなってきたので4時間目はここまで。明日、朝イチから5時間目の講義を始めるので遅刻しないように。では。

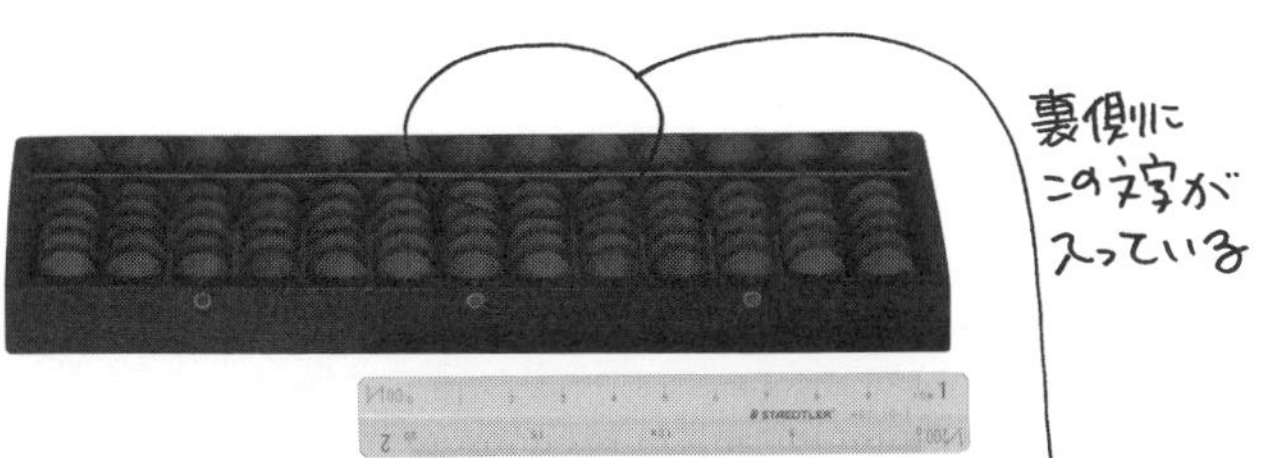

写真13
「ノベルティグッズの算盤」（天１珠、地５珠）
ライオンケミカル
大正時代～昭和初期（1900年代）

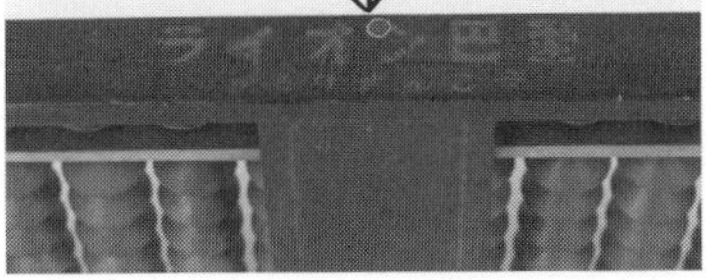

ドクターアキヤマの〝どうでもいい〟豆知識 その2

算盤が電動計算器に勝った日

算盤は日本で長い間、計算道具としてその地位を保ち続けた。江戸時代から〝読み書き算盤〟は初等教育の基本といわれていた。ちなみに〝読み書き算盤ができる〟ということは、単に「読めること、書けること、計算できること」ではなくて、「書かれた意味を読み取れること、自分の伝えたいことを文章として書けること、内容（数字）を正確に理解して計算して答えを導き出せること」です。読者の皆さま、読み書き算盤（まあ、今でしたら〝電卓で計算〟でいいですが）は大丈夫？

さて、その算盤、戦後すぐに電動計算器と対決したという記録が残っている。日本では電動計算器はほとんど作られていなかったので、本書でもまともに取り上げていない。しかし、欧米ではモータードライブの電動計算器（乗算〔掛け算〕や除算〔割り算〕もできる計算器）が存在し、それなりの地位を築いていた。そこで昭和21年（1946）の12月にアーニーパイル劇場（現在の東京宝塚劇場）で、電動計算器操作のエキスパートであるトーマス・ウッド2等兵と逓信院東京貯金支局勤務の算盤のチャンピオンオペレータである松崎喜義氏が、四則演算や混合計算で正確さおよび計算速度を競った。

結果は、加算（足し算）、減算（引き算）では算盤の圧勝。乗算ではいい勝負をしたようで、記録では3戦中算盤の2勝だが、1敗の内容が悪すぎて（正確さ、速度とも）、電動計算器の判定勝ち。除算もいい勝負で、ギリギリ算盤の判定勝ちとなっている。さらに混合計算（加算、減算、乗算、除算の混合）では、これもギリギリ算盤の勝ち。まとめると算盤の4勝1敗となった。

この結果は、アメリカ人にとっては衝撃的だったようである。まあ、手でパチパチやっている日本的な計算道具に、轟音を発してモータードライブで計算するいかにもアメリカ的な計算器が負けるとは……。要するに、算盤に熟練すれば電動計算器は必要ないということかもしれない。ここらへんが、日本の各メーカーが電動計算器をまともに開発しなかった理由かな。

しかし、加算、減算はかなわなかったが、乗算、除算ではほぼ差がないと、冷静な分析も行われている。また、電動計算器は算盤ほどの熟練は必要ないのも事実である。実際、加算・減算を得意とする機械式計算器は、昭和初期から日本でもそれなりに普及した。

カシオ計算器の創業者メンバーの一人であった樫尾俊雄氏は、この算盤と電動計算器の戦いの結果を分析して、勝敗とは逆に、将来は算盤ではなく計算器の時代だと確信したとか。「同じ結果を見ても、人とは違う見方・考え方で独自の理解をすること」ができる先見の明がある人だったんだな。「読み書き算盤」であたふたしている我々とは、比べようもないすごい人だと感心してしまうな。

アメリカの運転免許事情

本文でも少し触れているが、アメリカで9・11テロがあった直後に10カ月あまり家族連れでカリフォルニア大学バークレー校に在外研究員として滞在していた。同校は出身者や所属研究者からノーベル賞受賞者を多数輩出しているが、後に爆弾魔として逮捕されたセオドア・ジョン・カジンスキーが一時期、助教授をやっていたことでも有名。当時の話、というかカルチャーショックを受けたエピソードから豆知識的話を紹介しよう。9・11直後に留学していたときの話なので、今では事情が全く違うかもしれないのであしからず。

さて、西海岸側は完全な車社会。というか車を持っていないと、〝普通〟の人と思われないような状況。私と妻も国際運転免許を取得していったが、「国際運転免許は当然使えます。合衆国政府が認めていますから。でも、末端の警察官が〝知っているかどうか〟の保証まではできません」と言われ……。現地の免許を取ることを妻ともども決意しました。ちなみに、公安委員会指定の自動車学校などというものは存在しません。いきなり学科試験から始まって、合格すると仮免許がもらえるんです。

実技能力は関係ありません。知識があれば仮免許OKです。仮免許状態で一般道路に出てバンバン練習して（当然〝正式の免許〟を持っている人が助手席に同乗しなければなりません。日本と一緒ね）、実技試験にチャレンジです。実技試験用の自動車は自分で試験場まで持参します。免許も持っていないのに、自分の車を持っていくというのがなんとも……。

でも、ここにわなが仕掛けてある。試験官に「その車どうやって持ってきたんだい?」と聞かれるんですね。「自分で運転してきました」「じゃあ、誰と一緒に来たんだい?」。えーっと、えーっと……「一人で来ました」となって終了です。

必ず〝正規のカリフォルニア州の運転免許〟を持っている人と一緒に行かなければアウトです。私にも同じわなが待っていたのですが、私は国際運転免許を持っています。ジャーンとおもむろに見せたわけですね。そうすると「そうか、そうか、じゃあおまえは大丈夫だ。問題なし」と返ってきたわけです。役に立ったじゃん、国際運転免許。高いお金を払って取ったかいがありましたよ。

免許の取得に必要な費用は20ドル（当時。今はもう少し上がっているようです）。一度20ドル払えば、学科試験に3回まで、仮免許取得後（学科試験にパス後）に実技試験に3回までチャレンジできます。私は学科を一発パス、実技は2回目でパスしました（だって、縦列駐車した状態でバックしろなんて難しいこと言うんだもの）。固定料金で3回のチャレンジというのも、今では変わっているみたい。実技試験は落ちると若干の追加料金が必要だとか。

運転免許証はIDカードとして使えるので、持っておくと非常に便利です。クレジットカードを使うときはもちろんのこと、そのほかにも頻繁にIDを要求されます。運転免許証がないと、いちいちパスポートを出さないといけない羽目になります。それに免許を持っていれば〝カリフォルニア州で生活している人〟という証拠にもなります。あ、そうそう、ビザなしの観光ではアメリカの運転免許は取れませんからね、一応、言っておかないと。

5時間目

なに？〝正確〟に掛け算、割り算ができる定規だと!!

計算尺①

定規を背負いエッコラせ、ドッコイせ

次に紹介する計算道具ですが、実はこれも我が恩師が手回し計算器と同じように大事そうに教授室の棚の中に鍵をかけて保管していた一品。その特徴を簡単に説明すると、手回し計算器や算盤が足し算・引き算を得意分野としていたのに対して、この道具は掛け算・割り算に威力を発揮します。それ以外に平方根や三角関数なども扱えるので、理系の学生や研究者は必携だったとのこと。その名も〝計算尺〟。

ではさっそく、ヘンミ計算尺株式会社（HEMMI）の計算尺 No.100K を紹介しよう（写真14）。計算尺といえば〝ヘンミ〟というぐらい有名な会社の製品。

同社は昭和40年に日本の計算尺シェアの98%、世界のシェアの80%を握っていたとか。

我が愛娘に持たせてみましたが、全長が1mで、幅が25㎝ぐらいの巨大定規で、我が娘の細腕が折れそうです（愛娘は現在、中学生と高校生ですが、女子高生のモデル辞退により中学生に持っていただきました）。昭和の中・高校生（特に工業高校生）は、数学のある日はこの定規を背負いエッコラせ、ドッコイせと、家と学校を往復したとのこと。じゃんけんで負けると友達の分も担がせられて大変だったとか……。

いえ、冗談ですよ。ヘンミのNo.100Kは〝教授用〟です。教授が使うという意味ではなく、〝教え授ける〟ために使ったもの。たいていの会社の計算尺は、刻印された番号で使用用途・種類が区別できる。ただし、記号自体は各メーカーが適当に振っているので、区別には製造メーカーと製品番号が必要。本品は、おそらく中学校や高校で、黒板などに掲げて使い方を教えていたと思われる。昭和40年代後半の製造だと推定しているが、詳細はわかりません。

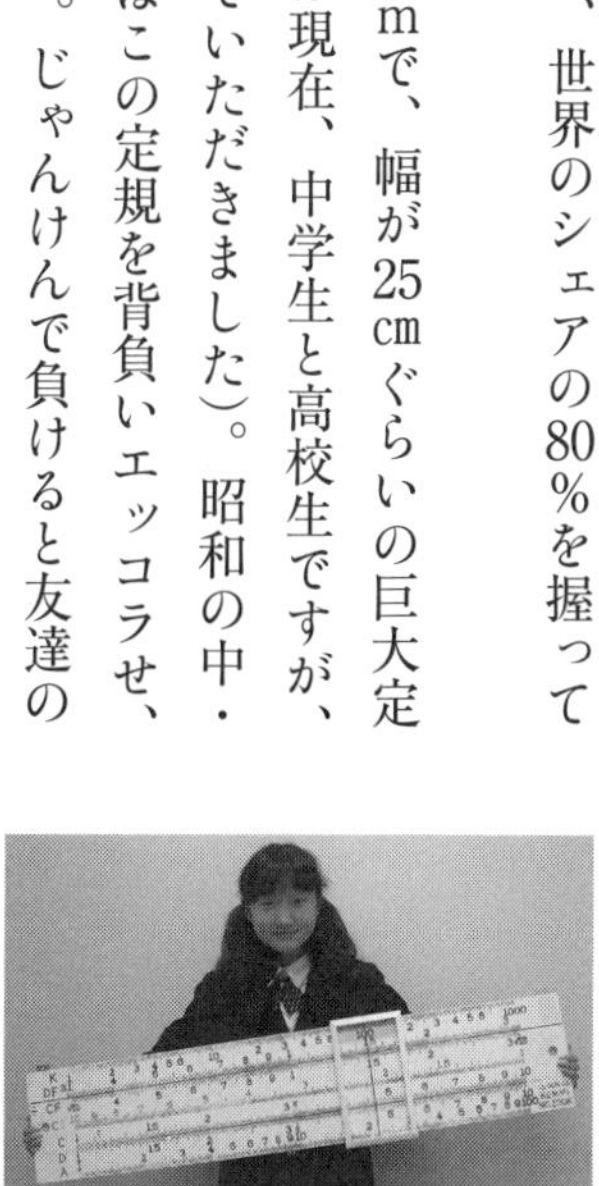

写真14
「No.100K」
ヘンミ
昭和46年（1971）ごろ

ヘンミは一般の計算尺の製造を昭和50年に中止していますが、平成18年まで在庫品販売や修理受け付けを行っていました。でも、ヘンミNo.100Kで計算尺の使い方を教えていた先生方も、数年後に使うことのなくなる内容を教えているとは思わなかっただろうな。まあ、今でも使うことが絶対ないとはいいません。平成23年というごく最近まで、計算機は持ち込み不可だが、計算尺は持ち込み可という「無線従事者国家試験」があったほどです（平成23年4月に計算尺も持ち込み禁止に）。

あっ！ そこ、〝死んだサバのような目〟にならない！

さて、計算尺の基本的な使用法ですが、〝対数の性質を使って計算する〟という原理を理解すれば簡単にわかります。あっ！、そこ、対数と聞いたとたん〝死んだサバのような目〟にならない！

じゃ、〝ごく〟簡単なところから説明を。まず3＋5を計算するとき、3の長さのものと5の長さのものを足せば、8の長さになるのは当たり前だよね。じゃ、AとBと2種類の25㎝の定規を用意してやってみよ計算尺を使って掛け算・割り算をする場合、次のような対数の性質を使う。いやかもしれないが、ちょっとだけ対数について説明してみよう。はい、そこ、寝ない！　では、とっつきやすい常用対数を取り上げてみよう。常用対数は、10をｙ乗したときにｘになるとした場合、ｘを与えるとｙが得られる関数である（y = log（x））。これじゃ何かわからないだろうから、具体的に考えてみよう、10を２乗すると$10^2 = 100$ だよね。つまり100の常用対数は２で、この場合 log（100）＝２ということになる。じゃあ log（1,000）は？　……３だよね。まあ、こんなものです。

では、数字ＡとＢを掛けた値、つまりＡ×Ｂの常用対数をとると log（A × B）になるけれど、この値は log（A）＋ log（B）と等しいという性質がある。えっ、「なぜ？」って。しょうがないな～。じゃあ、100×1,000を計算すると100,000だよね。それに、log（100）＝２と log（1,000）＝３は理解できたよね……、お願いだから理解してーっ。とすると、2+3は5だから、log（100）＋ log（1,000）＝５となるよね。じゃあ、log（100,000）は5だよね。だって、10を5乗する（5回掛ける）と100,000だから。ハイ、では log(100)＋log(1,000)＝log(100,000)になっていると、つまり log（A）＋ log（B）＝ log（A × B）になっているということだよね…。OK？

計算尺は、log（数）を計算してその大きさでメモリを刻んである。ただしメモリに表示してあるのは“数”そのものという定規です（実際は行いたい計算に応じていろいろなメモリが振ってあります）。掛けたい数の長さを足すことで、対数をとって和を計算することに対応する。メモリ自体は元の“数”が表示してあるので、その値を読めば“積（掛け算）”になる。割り算は、log（A ÷ B）＝ log（A）－ log（B）という性質を使えば……、もういいよね、要は引き算ということで。

えっ、「本当に、もういいです」って！?

う。Aのメモリ3㎝のところに、Bのメモリ0㎝を合わせると、Bのメモリ5㎝のところと一致しているAのメモリは8㎝になるよね。これで、3㎝+5㎝=8㎝を定規2本で実演したことになる。引き算も同じやり方で、定規2本で実演できるよね。12－8=4も、長さで考えれば12㎝から8㎝の長さを引けば4㎝になる。このようにすることで、足し算と引き算が2本の定規があれば計算できることになる。実は計算尺の基本原理はこれだけ。

えっ、「それじゃ足し算・引き算ができるだけで、掛け算・割り算はできないじゃない」って、そうです、計算尺は〝長さ〟の足し算・引き算をする〝定規〟。掛け算・割り算をどのように行うのかは、前ページにまとめてあるので読んでほしい。

中学生にも負けちゃいますよ

〝数学〟が出てきて、遠ーくに置き去りにされた皆さんもいると思いますが、そんなことでは中学生にも負けちゃいますよ!! ということで、中学生用のヘンミNo.22、昭和26年7月製造の品物です(写真15)。昭和25年以後に作られ

ドクターアキヤマの計算尺の使い方

① 計算尺には下図のD、Cのようなメモリが書いてあります。

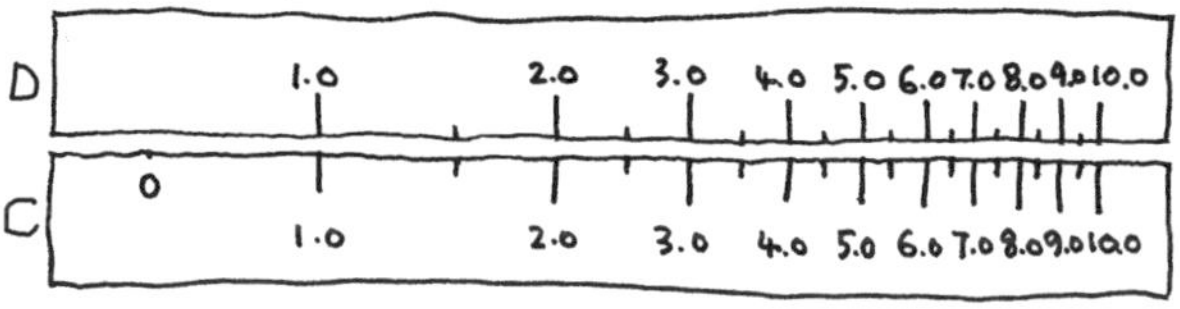

② では、2×2 を計算してみましょう。
D の2.0 のところにC の1.0 を合わせます。
そうすると、C の2.0 と同じところのD のメモリは、答えの4.0 になっています。

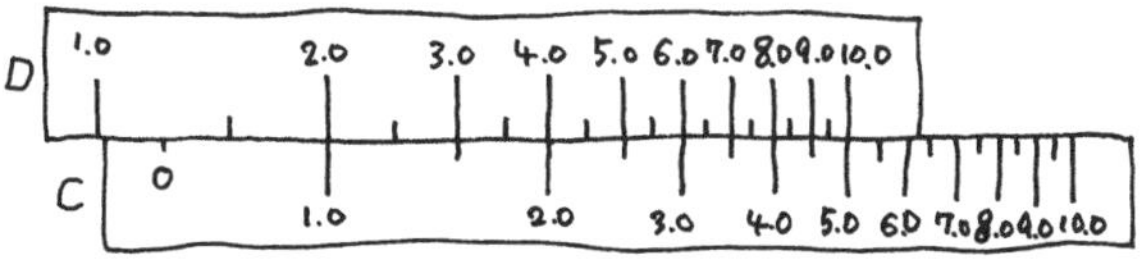

ほかにも、C の3.0 と一致しているD のメモリは6.0（2×3）
C の4.0 と一致しているD のメモリは8.0(2×4）
C の5.0 と一致しているD のメモリは10.0（2×5）です。

③ では、割り算です。8÷5 をやってみましょう。
D の8.0 のところにCの5.0 を合わせます。
割り算の場合は、Cの1.0と一致しているDのメモリが答えになります。

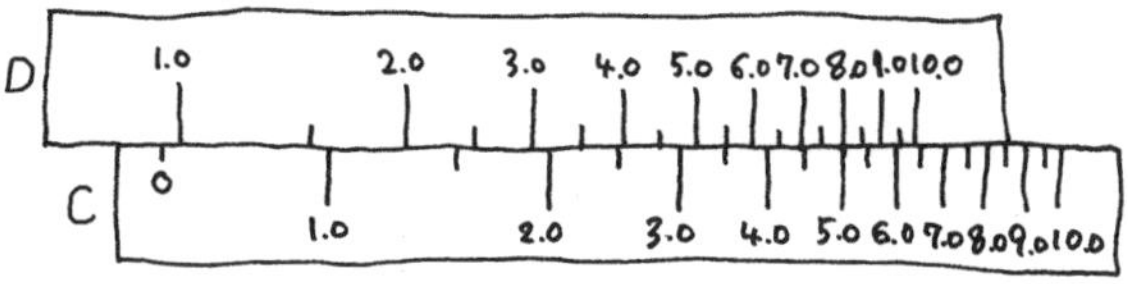

1.5(補助メモリ）と2.0 の間で1.5 に近いですよね。
" 神眼" をもってすれば1.6（8÷5）と読めるはずです。

以上、計算尺もどきでした～。

たヘンミの計算尺は2文字のアルファベットが〝どこかに〟刻印されており、製造年月が原則わかる。本品の刻印は〝BG〟。箱に100円とラベルが貼ってあって、また、「賞 中電こども会」と計算尺自体に印刷してある。

この計算尺、低価格と戦後の品不足のためにカーソル（カーソルを移動させて値を読み取ります）もいかにも安っぽそうなセルロイド製（低価格といっても昭和26年だと豆腐が1丁10円。豆腐10丁分の価値はあった）。計算のたびに動かすカーソルをセルロイドで作るのはさすがに耐久性低すぎで、現存品もカーソルが紛失しているものが多い。カーソルのない計算尺なんて〝芯の入っていないメカニカルペンシル（シャープペンシルは商標名です）〟みたいなもので使いものにならない。そうそう、話は変わるけど、古いセルロイドは劣化して酸性ガスを放出したり、発火の危険性があるみたいなので注意してね。

ところでこの計算尺、〝こども会〟の賞品ですよ。ひょっとしたら、夏休みのラジオ体操の皆勤賞かもしれないですよ。それが計算尺とは、ずいぶん勉強熱心だったんだな。もらった子どももさぞや感動ものだっただろう。ちなみに、私はキリスト教系の幼稚園に通っていたのですが、誕生月にプレゼントがもらえたんですよ。きれいな箱に入ってリボンがかけられて。当然、もらった日はワクワクで早く家に帰って開けてみたい。何が入っているんだろう。おもちゃかな、絵本かなって。で、開けてみると〝マリアさまの胸像〟。軽く涙目……。いえ、決して宗教や神さまを冒涜しているわけではないので誤解しないように。幼かった私の当時の素直

ヘンミ計算尺の使用法説明書。いろいろな種類（片面型のみ）の計算尺の使い方が紹介されている

写真15
「No.22」
ヘンミ
昭和26年7月
(1952)

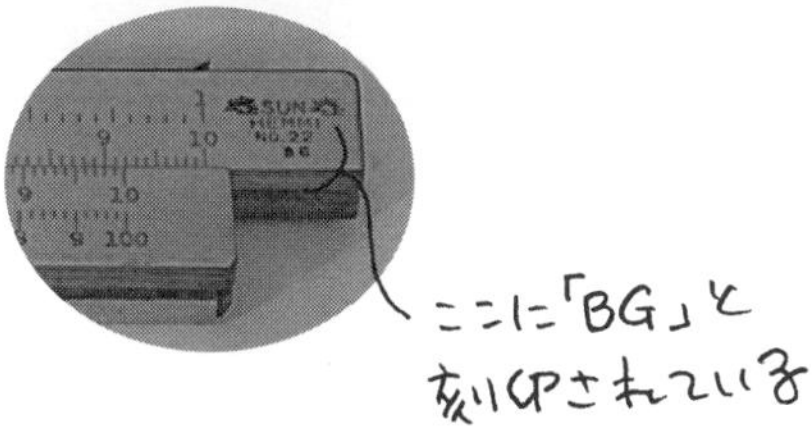

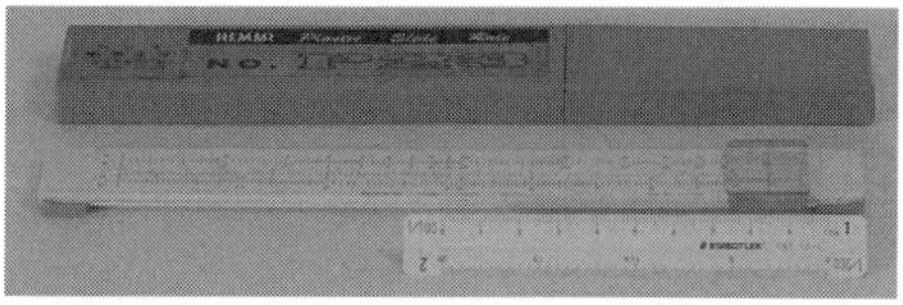
写真16
「No.P23」（中学生用）
ヘンミ
昭和41年4月(1966)

な気持ちです。

ついでに、もう一つ中学生用の計算尺、ヘンミのNo.P23を紹介しよう(写真16)。英文字〝QD〟で昭和41年4月製造の品。定価270円で相変わらずの低価格。でもやっぱり作りが安っぽいのよね、本体、カーソルともにプラスチック製で。ちょっと言いすぎかな……。中学生の勉学のために低価格を達成し、あまねく計算尺を行き渡らせるために、大いなる創意工夫がなされていると考えるべきなんでしょう。

〝神眼〟が必要です

私、この計算尺という掛け算や引き算ができる定規というものの存在を初めて聞いたときは、その素晴らしさに〝感動した!!〟という状態でした(年齢的に計算尺を習った世代よりほんの少し後の生まれ。計算尺という単語を耳にしたことはあっても、真面目に調べたのはごく最近)。手回し計算器や算盤でも〝掛ける・割る〟はできるのですが、やっぱり面倒じゃん、手は疲れるし、暗算が必要になったりするし。

ところが、こいつ、ササッと定規をスライドさせれば〝ずばり〟と答えを表示してくれる。人力以外、電気も何も使わないし。それに、高級品は平方根や立方根、さらには、サイン、コサイン、タンジェント、対数、べき乗と、何でもござれの計算能力を持っていたりする。

ただし、これが大事なのですが、正確な値を得るためには〝神眼〟が必要です。だって、メモリを目で読むんですよ、そんなの正確に読めるわけないじゃん。皆さんメモリの間の値を読むときなんてフィーリングでしょう。確か中学校で、「いちばん小さいメモリの10分の1まで値を読み、そこに誤差が生じます」と習うはず。まさに〝神眼〟で読む必要があるのです。

5時間目はこれで終了したいと思います。誰かーっ、この1mの巨大計算尺、私の部屋に運ぶの手伝って。では。

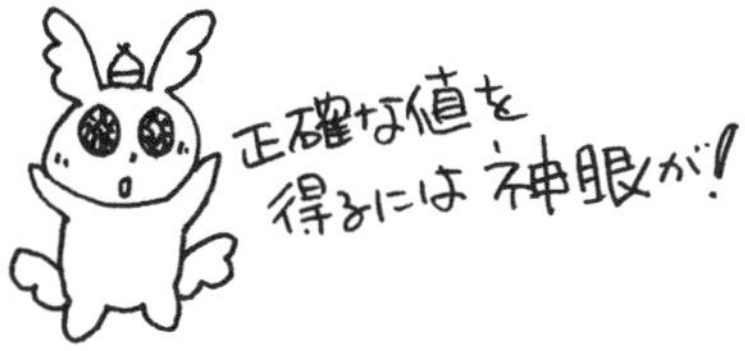

6 時間目

計算尺は悪くない

計算尺②

それを読めない私たちが悪いのだ

私より〝概《おおむ》ね〟10歳年上の教授がおっしゃった。「計算尺は悪くない。正確な答えを表示しているはずだ。それを読めない私たちが悪いのだ」（〝計算尺を作る際の工作精度やスライドさせる際の操作精度に限界がある〟から正確ではないという批判は無視）という言葉が、計算尺の本質を表しているような気がする。

たとえば、定規の1.1cmと1.2cmの間に必ず1.1429563cmの点が存在するはずである。しかし、もしそこに点が打ってあったとしても、誰も1.1429563cmとは読めないはずである。せいぜい1.14cmと読めればよいほ

うで、人によっては1.13cmと読むかもしれないし、1.15cmと読むかもしれない。つまり、メモリが振ってある1㎜までは確かであるが、それより小さな位では誤差が含まれることになる。計算尺の場合、2、3桁までなら、たいていメモリが振ってあるので〝正確〟な計算結果を与えてくれる。実際に、計算尺は精度の高い値を求めるというよりは3桁程度有効な概数（おおむねの値）を求めるのに重宝がられていた。

女子学生が4畳半の部屋に集まったら暑い

ところで、概算[注17]を正確でないからと、ばかにしてはいけない。だいたいどんなものだろうって、概算することは大いに役に立つ。私も学生のころ、4畳半の部屋に5～6人集まって交代で徹マン（徹夜でマージャン）なんてやっていた。夏の夜なんて暑くて暑くて。そこで、暑かった理由を概算してみた（そんなの当たり前じゃね、という意見も無視）。

成人男子は1日に〝概ね〟2000kcal（キロカロリー）食べる。これをエネルギーの国際標準単位（〝概ね〟1cal＝4・2J［ジュール］）に変えると、

注17
概算：正確さをひとまず棚上げにして、大まかな値を求めること。

2,000×4.2で、8,400kJ（キロジュール）となる。つまり、1日で8400kJのエネルギーを食べているということ。

じゃあ、これを〝1秒で〟に直すために、1日は何秒か計算すると、1日は24時間、1時間は60分、1分は60秒だから、24×60×60で1日は〝概ね〟8万6000秒になる。そうすると、〝8,400kJ÷86,000秒で、1秒あたり〝概ね〟100Jのエネルギーを摂《と》っているということ。

では、これをもうちょっとなじみのあるW（ワット）という単位で考えてみよう。たとえば20Wの蛍光灯とか、6WのLED電球とか電気屋さんで耳にする。Wというのは1秒間でのエネルギーだから、20Wの蛍光灯は1秒で20Jのエネルギーを使う。6WのLED電球は1秒で6Jのエネルギーを使うということになる。だから、同じ明るさだったら20Wの蛍光灯より6WのLED電球を使ったほうが省エネ。で、結局、成人男子は100Wのエネルギーを摂っているということになる。食べたエネルギーをすべて熱として放出すると考えると、成人男子1人で100Wの熱を出していることとなる。100Wがどのくらいかというと、けっこう、暑いぞ。20W蛍光灯5本分、夏は1本の蛍光灯でも消したくなるぐらい暑いのに〜。

つまり、成人男子が5人もいるということは500W、食パンがこんがり焼けるオーブントースター並み。そりゃ、夏の夜に4畳半の部屋でオーブントースターをつけっぱなしじゃ、暑いわな。実際は成人男子1人で70W程度の発熱らしい。しかし、大ざっぱな計算で得た〝概算値〟でも本質は変わりません。ちなみに同じように計算すると、女子学生が4畳半の部屋に集まっていても暑い、という結論も得られます。ただし、食べる量から考えると6人で男子5人と同じぐらいかな。ということで、男子学生が4畳半の部屋に集まると〝むさ苦しくて、暑い〟。女子学生が集まると〝むんむんして、暑い〟。

大正時代から作ってたのね

日本での計算尺の歴史はヘンミ計算尺の歴史といっても、ほぼ間違いがない。ヘンミ計算尺株式会社の沿革によると、昭和3年に〝合資会社逸見製作所〟を設立となっている。ヘンミ計算尺株式会社、今でもこの会社名が正式名称。一般計算用計算尺は製造していないが、特殊用途のものは作っている。

先日、私の本業のほうであるシンポジウムに参加したが、その際にヘンミ計算尺株式会社の研究者が「薄膜を作る装置の洗浄法」という趣旨で講演をされていたので質問をしてみた。当然、計算尺に関する質問ではないですよ。本業のほうです。趣味のみならず公用でもヘンミ計算尺と縁があるとは世の中狭いもんだ。ということで、ヘンミ計算尺は昭和3年が始まりか。とは、問屋が卸さないようで、実は大正2年あたりから個人商店として販売していた。会社の沿革にも、明治28年、計算尺完成と書いてある。

では、私が持っている中で最も古いと思われるヘンミ（J.HEMMI）No.1/1の計算尺を紹介しよう（写真17）。No.1/1ですよ。数字でわかりますよね、ヘンミの計算尺の始まりを意味する番号。ところで、この計算尺、"HEMMI"ではなく"J.HEMMI"と刻印されている。どうやら昭和3年の合資会社設立の翌年、つまり昭和4年にそれまでのJ.HEMMI "SUN"という商標からHEMMI "SUN"に変わったようだ。さらに、戦後はHEMMI SUNとダブルクォーテーションの囲みがなくなった。

つまり、J.HEMMIの計算尺は昭和4年以前の製造ということになるの

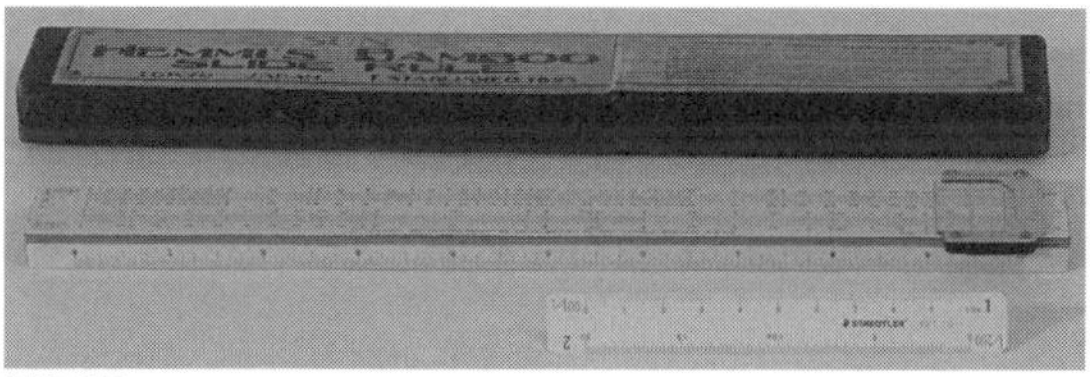

写真 17
「No.1/1」(J.HEMMI)
ヘンミ
大正２年～昭和４年 (1913 ～ 1929)

"J.HEMMI"と
刻印されている

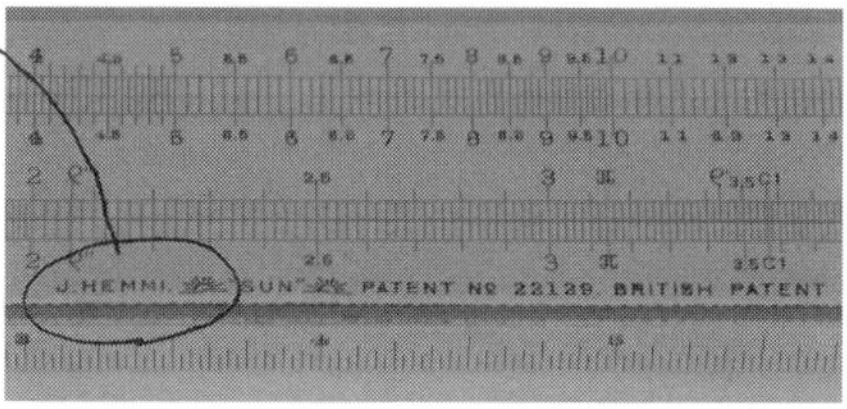

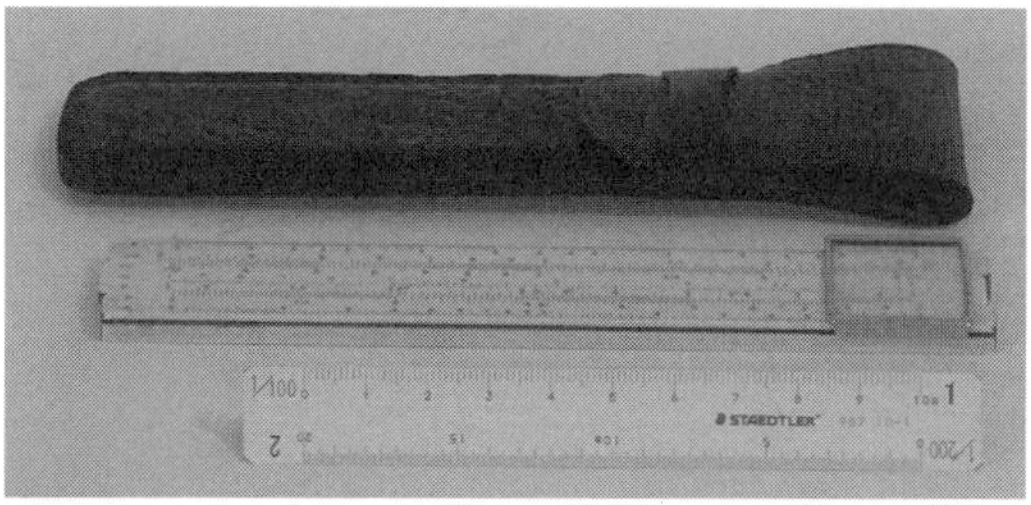

写真18
「No.2634」(海外輸出用)
ヘンミ
昭和24年～ 27年 (1949 ～ 1952)

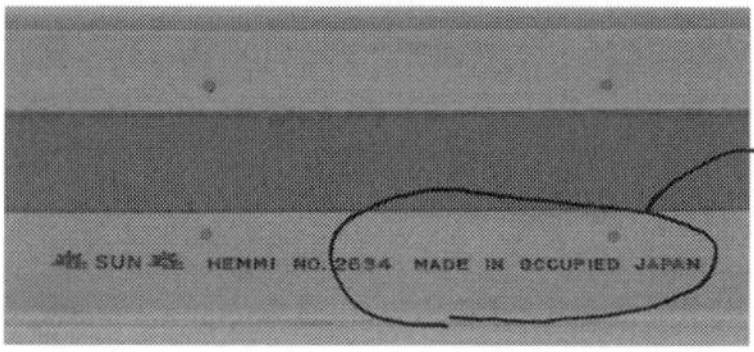

計算尺の裏面に、
"MADE IN OCCUPIED
JAPAN"と印刷してある

ですが、もともとNo.1/1は昭和4年で製造を終わっている。ということで、この計算尺、昭和4年以前製造は確かな製造年不明のレア物ということで……。ひょっとしたら、またまた昭和より前の製造かもしれない。Oh No!! この品どうやら海外輸出品が日本に里帰りしたもののようです。計算尺は裏に単位の換算表がついているのですが、それが英語表記、外箱もすべて英語表記、特許も外国特許の英語表記というもので、日本語が一文字もありません。それに、インチのメモリまでついています。

孟宗竹製の計算尺は湿度や温度の変化による狂いが少なく、大正から昭和にかけての日本の重要な輸出品であったようです。計算尺は長さの正確さが命ですから、竹は最適とか。北アメリカなどではほとんど竹は自生していません。竹の特性を利用した計算尺を開発するばかりか、さっさと外国特許を取得して輸出を開始するなど、その先見の明には感心させられます。

では、輸出つながりということで、もう一つヘンミのNo.2634を紹介しよう（写真18）。ポケットに入るサイズの計算尺で、一般事務・技術用として開発された品物である。このNo.2634は名機といわれ、使いやすい計算尺なのだ

が、計算尺本体に"MADE IN OCCUPIED JAPAN"と印刷してある。ということは昭和22年から昭和27年に製造された輸出品ということです。日本は昭和27年に主権回復、輸出品も"OCCUPIED JAPAN"から"JAPAN"へ変わった。ちなみに、昭和22年から昭和27年に日本で作られたものは、すべて"OCCUPIED JAPAN"と書かれていると信じている人がたまーにいますが、"MADE IN OCCUPIED JAPAN"が義務づけられていたのは輸出品のみ。また、No.2634は昭和24年以後製造ということですから、結局、この計算尺は昭和24年から昭和27年に製造された輸出用の品物ということになる。世界の"HEMMI"ですから、これは、大正、昭和（戦前、戦後＝占領下）、戦後（主権回復後）と、常に計算尺を海外に供給し続けた証しとしての一品だろう。

バッチリわかるんです

そうそう、じゃあ前に触れた昭和25年以後は、計算尺に製造年月を表す記号が表記されているという話の説明をしよう。記号は2文字のアルファベットで、単純な規則になっている。2文字のアルファベットのうち、左のアルファベットが製造年を表し、昭和25年のAから始まり昭和50年のZまで、また右の数字は製造月なので1月のAから始まり12月のLまで。もし、右の数字がL以降のものがあったらぜひ見せてほしい、13月や14月はあり得ないし。ちなみに、明治5年まで日本で用いられていた旧暦では3年に1度ほど閏月（13月）を入れて季節と月のずれを修正したらしい。

ですから、前述の〝中学生用〟計算尺のBGが印刷された計算尺（写真15）は昭和26年7月製造、QD（写真16）は昭和41年4月製造、というのがこの規則ですぐに断定できるわけ。また、2文字のアルファベットですが、けっこういろいろなところに散らばっている。素直に印刷してあるのはよいが、側面に薄く彫ってあったりして、どこにあるの？　とあちこち探す羽目になる。

この規則で、昭和25年以後の製造年月はバッチリわかると断定したいのだが、例の巨大1mの教授用計算尺、見当たらないんだよね、英文字が。ひっくり返しても、透かしても、斜めに見ても。まあ、一般用じゃないしな、そんなのわざわざ刻印しないか。ということで、製造年月不明だったというわけ（いろいろ調べてみると昭和46年以後の製造ではあるみたい）。

戦前物は製造年月を示す記号が記されていないので正確な製造年月がわからない。先に説明したようにJ.HEMMI（～昭和4年）、HEMMI（昭和4年～）、または“SUN”（戦前）か、SUN（戦後）か、である程度の製造年の範囲は判断できる。また、計算尺の種類によって製造されていた期間（その製品の製造開始と製造終了）が存在するので、それらを勘案して推測することになる。より詳しく調べると、製造時期により印刷部分が変わるとか、印字内容が異なるとか、それらを利用してより絞り込めることもあるようだが、私にそんな気力はない。

作った計算尺は1000種類

ヘンミの計算尺はものすごい種類製造されたようである。実際に〝1000種類を超える特殊計算尺を世に送ってまいりました〟と、ヘンミ計算尺株式会社が宣言している。私が持っているヘンミ製の計算尺はやっと2桁程度なので、1000に比べれば、誤差範囲で〝ゼロ〟とみなせる状態である。まあ、1000種類は一般に売っていなかったものも含めてだろう

J.HEMMI
HEMMI
“SUN”
SUN

いろいろあって
難しい

から、ちょっと大げさと思うが……。

そのゼロとみなせるものの中でもいくつか面白そうなものを紹介してみよう。まずヘンミのNo.35ML(写真19)、なんとカーソルが拡大鏡になっている（拡大鏡ではないただのNo.35も存在する）。そろそろ老眼が気になり始めた私ぐらいの年代にはピッタリ、しかも10cmの携帯サイズで持ち運びも楽々。次がヘンミのNo.150、これもヘンミ計算尺の歴史の中で欠かせない一品(写真20)。ヘンミ製の最初の両面尺である。「両面尺とは何ぞや?」と思うでしょうが、単純なこと。両面にメモリが入った計算尺ということで、両面を使っているということは片面より多くの種類のメモリを持っているので、〝その分〟高度な計算ができる。でも、当然〝その分〟値段も高価だった。これらは2つともHEMMI〝SUN〟ですから戦前の

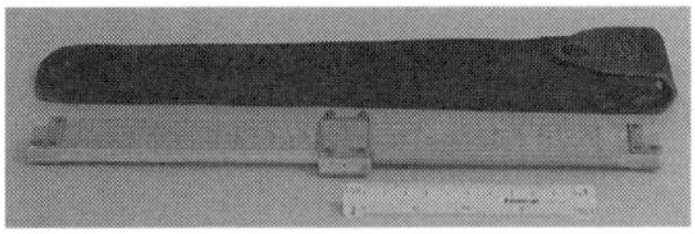

写真 20
「No.150」ヘンミ
昭和４年～20年 (1929～1945)

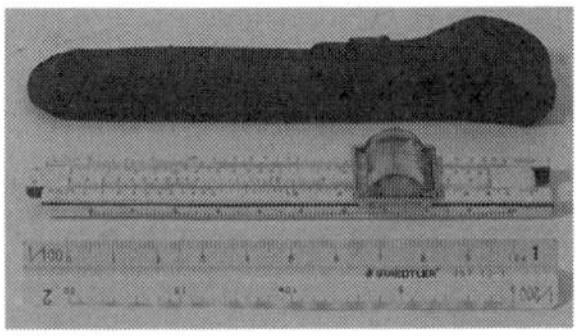

写真 19
「No.35ML」ヘンミ
昭和５年 (1930) ごろ

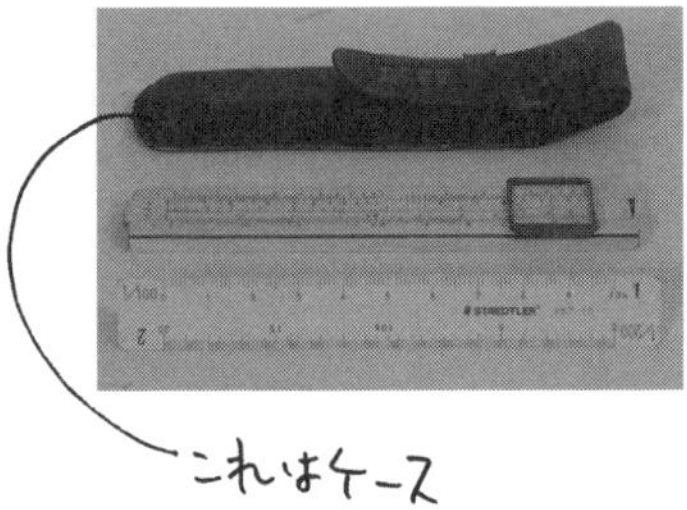

写真21
「No.30」ヘンミ
昭和26年6月 (1951)

昭和期製造の品である。

前に、算盤のノベルティグッズがあったという話をしたが、同じようにノベルティグッズの計算尺も存在していた。たとえば、このヘンミのNo.30がそうである（写真21）。これは「汐田火力完成記念」と記された革製ケースに入ったHitachi,Ltd. マーク入りのポケットサイズ計算尺である。このNo.30の計算尺って昭和2年より製造開始されたロングセラー商品で、携帯に便利だったせいかいろんな企業のノベルティグッズとしても利用されていたようである。これはＢＦという英文字が印刷されているので、さっき説明した規則で昭和26年6月製ということになる。

これ、どういう品かということで、ケースをじっくり眺めてみた。そこに印刷された〝汐田火力〟という文字から発電所の開所記念に配ったものに違いないと思ったが、私の手抜き調査ではいまひとつわからない。どうやら昭和期に〝東京電力汐田火力発電所〟というのがあったらしい。そこで昭和26年に〝何か〟が完成してその落成式にでも配られたものか？　この発電所は現在の〝東京電力横浜火力発電所〟の前身ではないかと推測しているのだが……。
誰か、詳しい人教えてっ。

2番目って魅力を感じない

タイガー計算器株式会社に挑んだその他大勢のように、当然、ヘンミ計算尺株式会社以外にも計算尺を売り出した会社は多数あった。その筆頭はリコー計器株式会社であろうと思われる。ヘンミに次ぐぐらいの頻度で、RICHO（リコー）の計算尺がオークションに出品されていることからも、それなりにユーザーを獲得していたのではと推測される（でも、ヘンミは昭和40年で国内シェア98％ですからね。リコー計器さんは適当な時期に先を見越して撤退したのかな?）。

リコー計算尺の説明書によると、明治38年に〝日本で初めて計算尺を製造〟と書いてあるので、ひょっとしてヘンミより先に日本で計算尺を作ったのか?　でもヘンミ計算尺株式会社の沿革では、明治28年に「計算尺の試作開始 独自の計算尺完成」と書いてあるし。特許出願とかの関係で前後しているのか？　うーん〝本家〟が先か、〝元祖〟が先か、よくわからん。

実は、このリコー計器株式会社、昭和10年設立の日本文具株式会社を始まりとしてけっこう名前が変わっている。三愛機器株式会社というときもあり、そのときはRelayというブランド名で計算尺を販売している。

つまり"Relay"と"RECHO"は同じ会社の計算尺ということ。では、ここで紹介といきたいのですが[注18]1本も持ってないのよね。なぜかコレクター魂を刺激しなくって。手回し計算器のときも、2番目のシェアを誇った日本計算器株式会社の製品はほとんど持っていなかったし……。なぜか2番目って魅力を感じない。というわけで、次行こう、次。

さて、では謎の品物、大阪にあった加藤数物製作所が売り出したコーア計算尺No.4である（写真22）。製造会社も謎、製造年も謎、作りはあんまりでしょうという代物。生徒用と書かれていますので、ヘンミのNo.20やNo.P23のように中学生（高等小学校の生徒）向けに、戦中か戦後間もなくに作られたものと思われる。カーソルはヘンミのNo.20と同じくセルロイド製。

では、謎ついでに、東京にあった中岸製作所製の円形の計算尺、その名も〝専

注18
1本も持ってない：「RICHOの計算尺は持っていない」と書いたが、本書を作る際にお世話になったプロカメラマンの永田さんからプレゼントしていただいた。実はRICHOの計算尺も、記号で製造年月および製造工場がわかる。いただいたものは昭和43年3月に佐賀工場で製造されたNo.116Dという10インチ(25cm)の計算尺。なかなかレトロな雰囲気でいい。

売特許中岸式円形計算器No.1〟（写真23）。もう、会社の詳細も正式な使い方も、何もかも全く不明の品物である。AとBとメモリが振ってあるので、回して掛け算と割り算をやるのだろう。単にその機能だけっぽい。あ、これが初出ですが、円形の計算尺というのは一般的である。〝尺〟という言葉自体、もともとは長さの単位なのだが、計算尺の〝尺〟は物の長さを計るという意味の〝物差し〟と同義。形状に関係なく計算尺です。でも、尺っていわれると〝直線の物差し〟をイメージしちゃうのよね。私だけ？

いかがでしょうか、ここまで読まれた皆さん、計算尺を欲しくなったでしょう。えっ、「欲しくない」って!? 電気も使用しないで、ささささっと3桁程度の割り算・掛け算ができるんですよ。昔は計算尺技能検定なんてものまであって、履歴書の資格に書けたんですよ。欲しいですよね、ねっ。

「残念ですね。もう、すでに〝新品〟は手に入りません」と言いたいのですが、株式会社コンサイスがまだ一般用円形計算尺を販売しています。

では、計算尺の最後を飾る株式会社コンサイスのA型計量単位換算器を紹介する（写真24）。単位換算器なんて大げさな名前だが、単位の換算表、たとえ

注19 正式な使い方：ほぼ同型の計算尺の説明書が手に入ったが、掛け算、割り算だけじゃなく、それ以外にも平方根を求めるとかの高度な計算もできるようです。でも、けっこうな慣れが必要そうです……。

ば、アメリカのフィートと国際標準単位であるメートルの換算などの表＋計算尺、みたいなものである。ポケットサイズでコンパクト。ちなみにこれは現行品ではないので買えません。株式会社コンサイスさんに無理は言わないように。

ほらそこ、〝いびき〟がうるさいよ。さて、6時間目は皆さん概算で頭を酷使したので糖分も欠乏状態でしょうから、ここらへんで終了したいと思います。では。

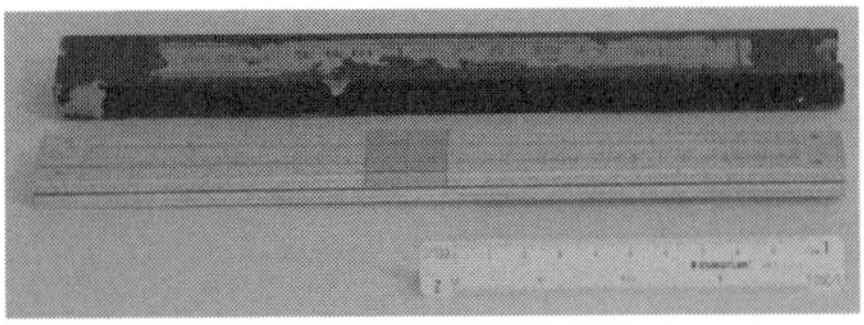

写真 22
「コーア計算尺 No.4」
加藤数物製作所
昭和10 年代～昭和 20 年代
(1935 ～ 1945)

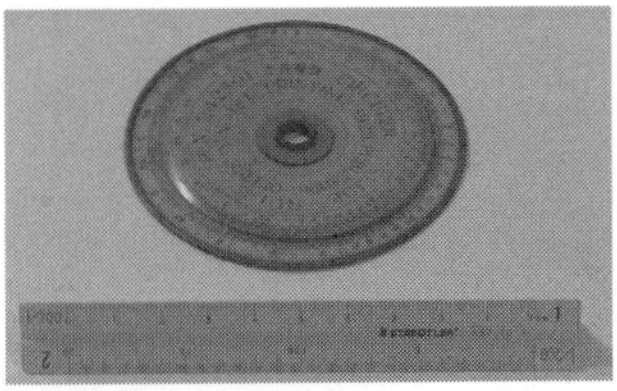

写真 23
「専売特許中岸式円形計算器 No.1」
中岸製作所
昭和初期 (1926 ～)

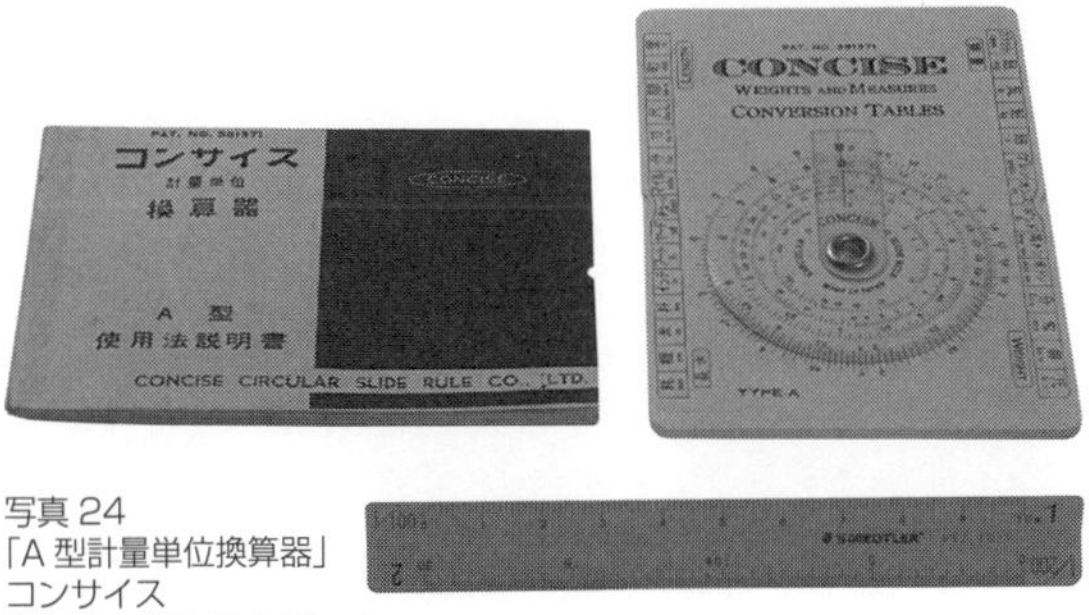

写真 24
「A 型計量単位換算器」
コンサイス
昭和期※戦後 (1945 ～)

7時間目

見たことも、聞いたこともありません
手動加算器

こんなものにも手を出していたのね

ここまで紹介した手回し計算器、算盤、計算尺は、どれも一世を風靡《ふうび》した計算道具である。まあ、すでに過去形で、私の教え子たちは算盤以外、初めて見るという状況ではあるが……。しかし、次に紹介したいのは年配の方を含め、かすかに記憶に残っていればよいほうで、ものによっては、見たことも、聞いたこともない、という計算道具の中の珍獣、いや珍道具、その名も〝加算器〟。読んで字のごとく〝加える計算をする道具〟である。

この加算器、手で操作する手動加算器と、モータードライブ機構を備え電気で動かす電動加算器の大きく2つに分けられる。そこで、まず手動加算器の代表格である明和製作所製のRICOH ALEXE加算器を紹介する（写真25、26）。名前から想像がつくと思うが、リコー計器株式会社が販売していた。リコーさん、計算尺ばかりでなくこんなものにも手を出していたのね。

この品物の入っていた箱には定価が印刷されていて、５００円とのことである。残念ながら販売年の情報は品物にも付属の説明書にもないのだが、おそらく昭和30年代末から40年代半ばまで発売されていたものと思われる。２機種あるのは、製造時期によりレバーの形が変わったから、一応、両方とも載っけただけ。レバーが変わっても特に機能に変化はない。名前のごとく加算をするための計算道具ではあるが、まあ当然、減算もできる。

本当に、これ、欲しーですか？

計算器の上にあるボタンを押せば数字が１ずつ増える。窓が５個あるので、０〜９９９９まで数字を表示可能。なんと、横のレバーを引けば減算に切り替えることができて、ボタンを押せば数字が１減る。うーんエクセレント!!　基本的にはこれだけ。あ、数字のリセットも可能。下側のレバーを

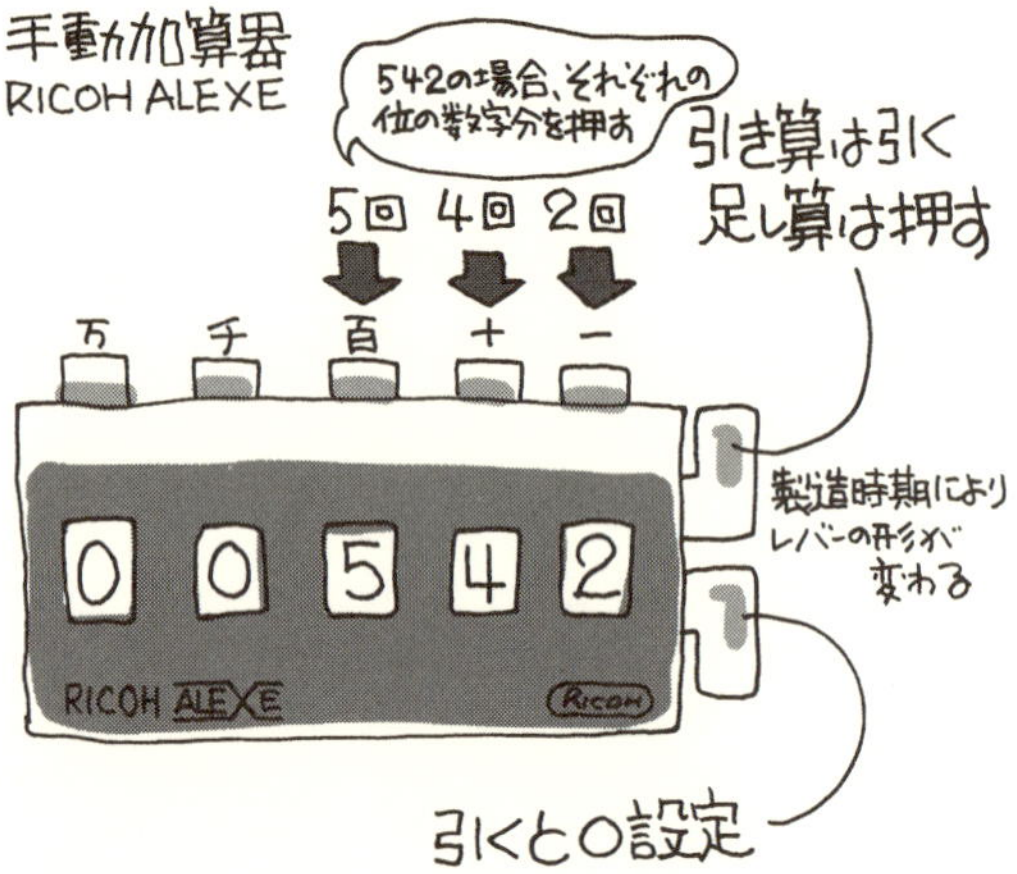

写真 25
「RICOH ALEXE（丸型レバー）」
リコー計器（明和製作所製）
昭和 30 年代～昭和 40 年代
（1955～1974）

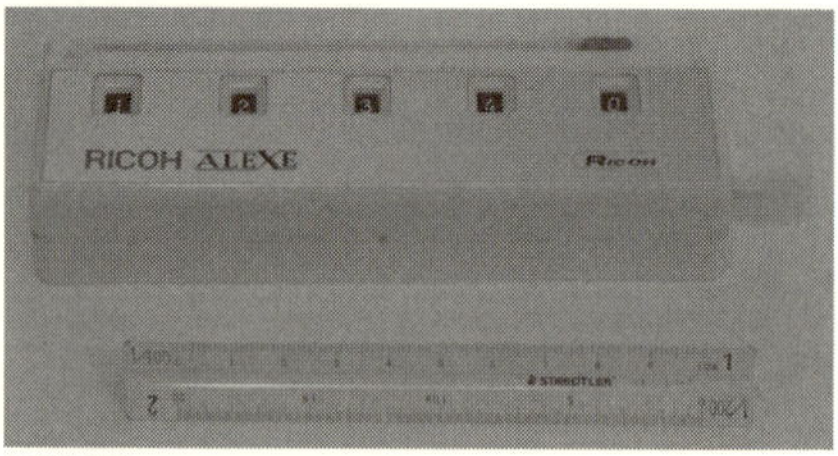

写真 26
「RICOH ALEXE（四角形レバー）」
リコー計器（明和製作所製）
昭和 30 年代～昭和 40 年代
（1955～1974）

引けばよい。いかがです、使ってみたい？

計算法は、想像がつきますよね。では、具体例を。542+613は──いや、「そんなの簡単だよ。暗算で……1155です」と言いたい気持ちはわかるが、ここは大人の対応を。

まず、百の位のボタンを5回押して、次に十の位のボタン4回、一の位のボタンを2回押す。窓に542と表示されると、これで足される数のセット完了。では、計算っと。百の位のボタンを6回、十の位のボタンを1回、一の位のボタンを3回押せば、ハイ！　窓に1、1、5、5と表示されて計算終了。

ちなみに、数字は百の位からでも一の位からでも、どちらからセットしても答えは一緒。繰り上がり、繰り下がりはすべて機械任せでOKよ。引き算は、まず引かれる数をセットする。ここまでは一緒で、次にレバーを引いて、そして……。もういいよね。つまり、これは、位ごとにボタンを取りつけ、繰り上がり・繰り下がりをつけたカウンター。こうやって足し算・引き算ができる。カチッカチッカチッ、カチッカチッカチッと。うーん、微妙だな。

これ、実用品として欲しいかな？

ところが、なんと説明書を読み進めると、乗算という項目があるではないか。能ある鷹は爪隠す。そうです、なんと、加算器という名前のくせに掛算ができるのです。たとえば、46×6の計算は、6×6を〝暗算〟で計算して36、十の位のボタンを3回押して、一の位のボタンを6回押して、次に、4×6を〝暗算〟で計算して24、百の位のボタンを2回押して、十の位のボタンを4回押して、えーっ、答えが276と……。欲しいですか？　これ。

昭和40年に500円ですよ。決して今の500円ではないはず。昭和40年というと、月給が今の10分の1ぐらいみたいですね。そうすると、今の金額で5000円相当か……。もう一度、聞きますが、本当に、これ、欲しーですか？

というわけで、加算、減算、さらには乗算までできるRICOH ALEXE加算器ですが、この〝高機能〟のおかげでけっこう売れたらしい。実際、今でもポロポロとネットオークションに出品されている。何を血迷ったか、私も5台も所持しているぐらい。たぶん、今まで宝物として愛用してきたものを、お金が必要になって泣く泣く出品しているのに違いない。決して、買った直後に押し入れにしまって忘れていた品や、おじいちゃんの形見の机に入っていた新品同様の品物を出品しているわけではないだろう。

小切手偽造は犯罪です

手動式加算器だが、国内で販売するよりも輸出がメーンだったという話もある。次に紹介するのは〝東京都の優良輸出品〟にも認定されたミクラ精機株式会社製のミックラー加算機（写真27）である。本品は、昭和43年製で確定。だって、保証書が残っているもんね。

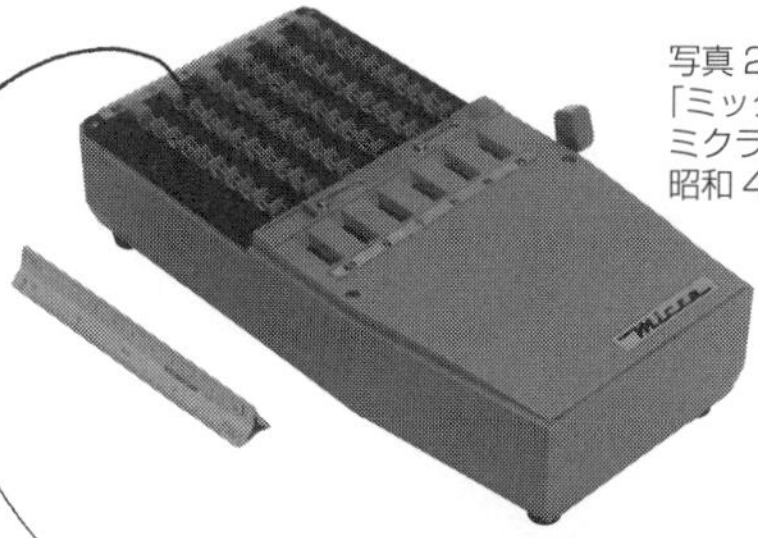

写真27
「ミックラー加算機」
ミクラ精機
昭和43年(1968)

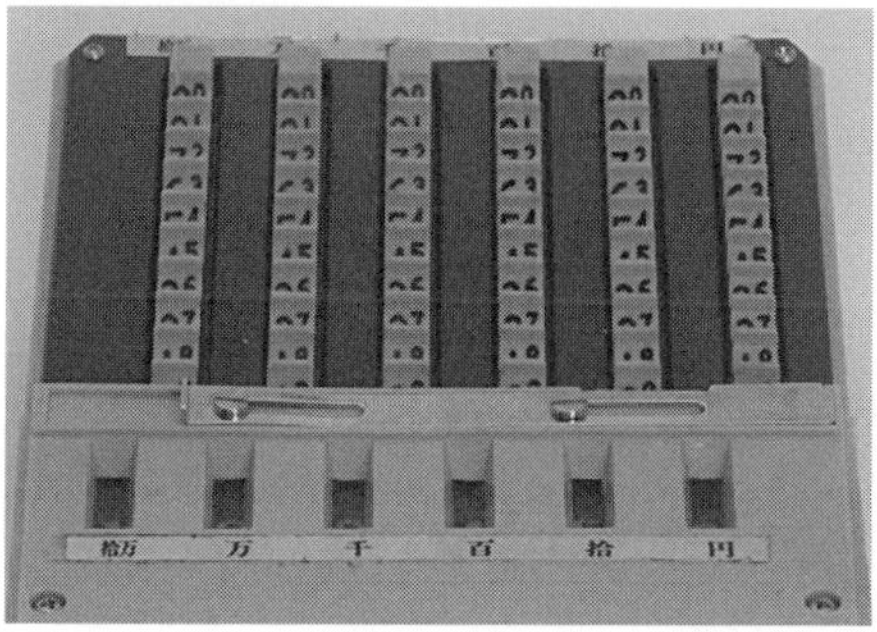

6桁の計算ができるのでRICOH ALEXEより1桁多く999,999まで計算できる。

ところで、数字は3桁ごとに区切るよね"999,999"って、これ、英語が3桁で区切るから。千（thousand）、百万（million）、十億（billion）って。ところが日本では万、億、兆だから、昔は4桁で区切ることを推奨してたんだって。実は、算盤が必須化されたとき、算盤の区切りも4桁ごとに、ってなったらしい（注16＝65ページ参照）。つまり"99,9999"って具合。でも、簿記の区切りは3桁のままだったし、世界と商売をする日本としては困るというわけで、国際標準に準拠して3桁区切りを使うようになった。

じゃ、脱線ついでにもう一つ。アメリカは小切手社会というよね。支払いは片っ端から小切手。ガス、水道、電気の公共料金も小切手払い。銀行引き落としなんてほとんどない。アメリカ人は銀行さえ根本的に信じていないらしい。自分で請求額を確認して、日付、金額、サインっと。さて、では1300ドルの支払いのとき、金額欄はどう書くでしょう?

"1,300"と答えた人は〝×〟。あり得ないでしょう、日本でも小切手で算用数字（アラビア数字）なんて絶対使わない、偽造されるのがオチ。では、“one thousand three hundred”、うーん〃△〃かな。ほとんどの人は“thirteen hundred”と書く。“one”とか偽造されやすいからだそうな。そういわれれば thirteen を変えるのは大変そうだけれど、one を変えるのはできそうかな。あっ、小切手偽造は犯罪ですから!!

でも、アメリカは本当に小切手社会。アメリカ人は長ーい列ができているレジでも、数ドルの買い物の代金をササッと小切手を切って、ものの10秒ぐらいで支払いを済ませるもんな。私だったら机の上でいちいち〃綴りを確認しながら〃書かないといけないので、ブーイングもいいところ。ということで、アメリカでは公共料金支払い以外は小切手使わなかったな～。

結局、皆さんの九九頼り

さて、脱線しすぎなので、グッと話を戻してっと。で、このミックラー加算機、桁数が多いぐらいで、基本的な機能も、できることもRICOH ALEXEと変わらない。ただし、数字の設定ボタンを数字の回数押すのでは

皆さん
九九できますか？
by アキヤマ

なく、キーを指先でスライドさせて使う。こちらのほうが、いくらか操作性がよい気がする。ボタンを数字の回数カチカチ押すのはさすがにねぇ。でも指でキーをスライドさせる分、個体が大きい。結構な存在感でポケットに入れるのは難しそう。まあ、欧米への輸出がメーンであれば大きくてもかまわないか。アジア人よりは大きい人が多いし、指も太いに違いない。付属している説明書、加算と減算と乗算もできると書いてある。やっぱり、掛け算は外せないのね。やり方はRICOH ALEXEと一緒。結局、皆さんの九九頼り。

ミックラー加算機が輸出メーンだったということからわかるように、欧米では手動加算器がけっこう普及していたようである。日本では算盤があるからなぁ〜。日本での加算器のライバルというか、倒す相手は算盤だったようだ。倒しそこなった、というか、算盤は戦いを挑まれたのも気づかなかったに違いない。

あのゲーム機も、これを参考に？

じゃあ、外国製代表ということで……。えっ！「ドクターアキヤマのコレクションの流儀に反するじゃん」って、気にしない気にしない。これが、ドイツ製のスタイラス式加算器、Pro Caluclo!（写真28）。エクスクラメーションマークまで含めて商品名。えっ、「エクスクラメーションマークって何？」って、感嘆符、つまり〝！〟のこと。けっこう知らないんだよね。日本語でも感嘆符というよりビックリマークっていったほうが通じるし。

このスタイラス方式の加算器が、世界的にはいちばん普及していた模様。スタイラス（先のとがった棒状の筆記具）で操作することで〝指の太さに関係なく〟小型化できポケットに入るサイズ。そうか、このころからスタイラス操作があったんだ。ひょっとして例の爆発的に売れた携帯ゲーム機も、この手の加算器を参考に開発？

このPro Calculo!、相当古い製品みたい。この計算器を開発したOtto Meuterは昭和3年（1928）にはProduxという別の加算器を開発しているみたいなので、それ以前に製造された可能性が高い。つまり、こいつに関しては日本製どころか昭和製に限るというルールも危ういということ。

日本で〝海外製の品物〟を参考に手回し計算器を作ったのが大正時代だか

ら、それより構造が簡単なこの手の加算器は、昔から開発されていたんでしょう。この当時の欧米では、外出先では手動加算器を携帯して、家では手回し計算器を使うのがトレンドかな？　ちなみに、日本では外では算盤、家では大型の算盤。

私が手に入れたPro Calculo!、こんなに古いのにスタイラスも残っている完品。えっ、「そんなの当たり前じゃん」って？　実は、日本製のスタイラス式計算器もいくつか手に入れたが、ほとんどの品はスタイラスが欠品している。でも、海外製の品物はスタイラスが欠品しているものなんて皆無。革製のきれいなケースさえ残っていたりする。日本人も、もうちょっとものを大事にしないと。それとも、海外で〝常に愛用されていた品物〟なのか、日本で〝引き出しの隅で忘れられていた品物〟なのか、の違いかな。

では、日本製のスタイラス式加算器を紹介する。ポケット計算機株式会社製のPOCKET CALCULATOR（写真29）とPOCKET CALCULATOR（300型）（写真30）。ともに〝MBC〟マークがついています。製造年は昭和30年代ぐらい、価格は不明。300型は操作部分が2段になっている高級機、上の段では足し

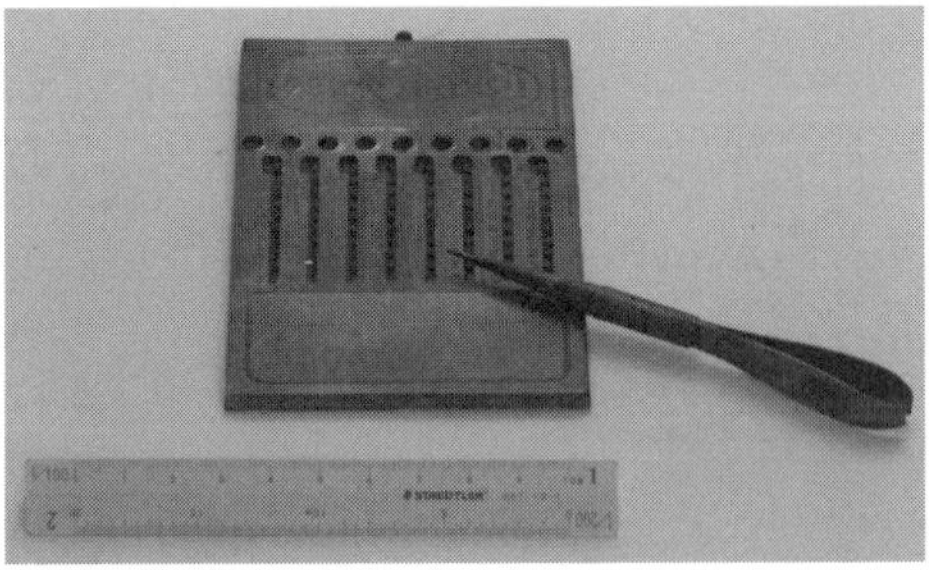

写真 28
「Pro Caluclo!」
Otto Meuter (ドイツ製)
1920 年代

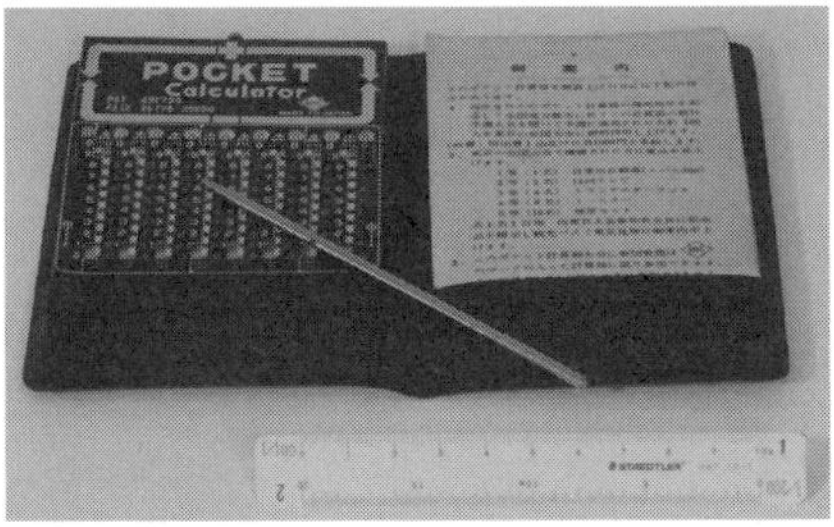

写真 29
「POCKET CALCULATOR」
ポケット計算機
昭和 30 年代～昭和 40 年代
(1955 ～ 1974)

写真 30
「POCKET CALCULATOR(300 型)」
ポケット計算機
昭和 30 年代～昭和 40 年代
(1955 ～ 1974)

算を、下の段では引き算を行う。一方、1段のほうは、本体にも説明書にも型番が書いていないじゃんということで、型番不明。

ところで〝MBCって何？〟って思って調べてみたのですが、どうやら〝Magic Brain Calculator〟の頭文字をとったもののようで、アメリカの登録商標。ということは、これは国内仕様だけど、輸出品も作っていたということか。この商標、日本語に直すと〝魔法の頭脳を持つ計算機〟ということになるのかな……。うーん。

想定の範囲内

では、このスタイラス式加算器の使い方を簡単に。残っている説明書を広げてみると、「数回練習することによってソロバンのように上手・下手なく……うんたらかんたら」と。やっぱり、ライバル視しているのは算盤じゃん。

まず足し算。切れ込みにスタイラスを入れて押し下げれば窓の数字が増えていく。1のところに入れて押し下げれば1になり、8のところにスタイラスを入れてググッと押し下げれば8、と窓の数字が変化する。なるほど、

こうやって数字をセットするのか。

で、後は押し上げると足されるので、たとえば254＋142だったら、最初に254とセットして、次に、百の位の窓の1のところに入れてグイッ、十の位の窓の4からググッと、最後に一の位の窓の2でククッと。ハイ、答え396が窓に現れると。

なるほど……。まあ、普通だな。特に感動することもないが、ガックシもこないな。〝想定の範囲内〟というところか。で、繰り上がる場合はどうやるの、繰り上がる場合は？　自動なの？　ふむふむ、なになに。同じ位で足せないと数字が赤く表示されているから、その場合は引く操作をして、その代わり一つ上の位の数字が1増えるわけか。たとえば18＋6の計算の場合は18－4＋10と計算する。具体的には、一の位の8から4（10－6）を引いて4、そして一つ上の十の位が1増えて2となる。結局、十の位が2で、一の位が4で、24と。

同じような考え方で引き算もできるし、当然、引き算の際の繰り下がりも問題ない。まあ、使えなくはないレベルかな。〝常用したい〟かは、別だがね。

説明書を読み進めると、この加算器、なんと割り算ができると書いてある。何ーっ、掛け算でもビックリなのに割り算ができるだと。

で、どうやるんだ……。えー、原理は簡単で、何回引けるかをやって引けなくなったら終わり。引けなくなるまでの引いた回数が〝商〟で、そのときの〝数〟が余りです……。

そう、どこかで聞きましたね。手回し計算器の割り算と原理的に一緒です。チャンチャン。

今でも欲しいスバル360

このポケット計算機株式会社製の計算器、日本語の説明書がついているので日本向けの製品。実は説明書の最後のページに〝競技大会〟のお知らせが記載されている。地方大会の予選を行い、勝ち抜いた人を東京の全国大会へ招待、旅費に交通費、なんと日当1000円も支給。1等は自家用自動車スバル360、2等（2名）は14インチテレビ、ずーっと下って、5等（16名）は煙草《たばこ》セット。なるほど、5等が16名ということは、トーナメントでやった

のかな？　そうすると、なんで２等が２名もいるんだろう？　煙草が賞品か。ということは、未成年は出場禁止なのか？　taspo（タスポ）はないし身分証明書を見せる必要があったのか？

スバル３６０は昭和33年から昭和45年まで販売され、爆発的な人気を誇った自家用車。セダンタイプの定価が36万５０００円と、当時１００万円をこえるのが普通だった自家用車の価格に革命をもたらした。ところで、昭和40年と現代とでは物価が１桁ぐらい違うので、今でいうと３６０万円ぐらいの価値か。ポケット計算機株式会社さん、気張ったね。スバル３６０は今でも欲しいけど、14インチのテレビはいらないな、ブラウン管でしかも地デジじゃないだろうし、

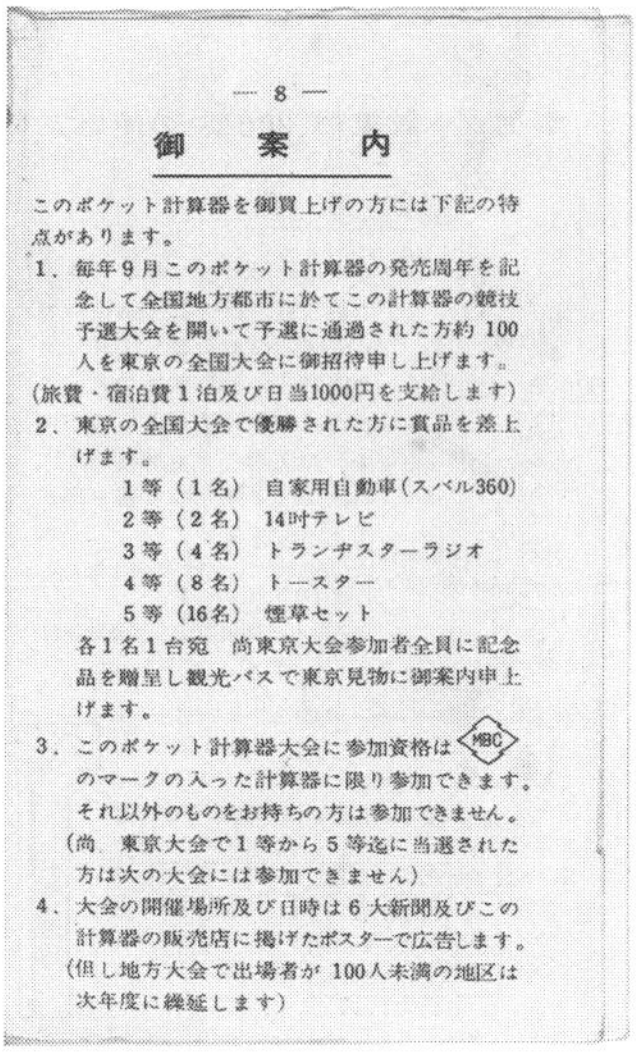
— 8 —

御　案　内

このポケット計算器を御買上げの方には下記の特点があります。

1、毎年９月このポケット計算器の発売周年を記念して全国地方都市に於てこの計算器の競技予選大会を開いて予選に通過された方約 100 人を東京の全国大会に御招待申し上げます。
（旅費・宿泊費１泊及び日当1000円を支給します）

2、東京の全国大会で優勝された方に賞品を差上げます。

1等（1名）　自家用自動車（スバル360）
2等（2名）　14吋テレビ
3等（4名）　トランヂスターラジオ
4等（8名）　トースター
5等（16名）　煙草セット

各１名１台宛　尚東京大会参加者全員に記念品を贈呈し観光バスで東京見物に御案内申上げます。

3、このポケット計算器大会に参加資格は MBC のマークの入った計算器に限り参加できます。それ以外のものをお持ちの方は参加できません。
（尚　東京大会で１等から５等迄に当選された方は次の大会には参加できません）

4、大会の開催場所及び日時は６大新聞及びこの計算器の販売店に掲げたポスターで広告します。
（但し地方大会で出場者が 100人未満の地区は次年度に繰延します）

「POCKET CALCULATOR」の説明書
※本体は109ページに掲載

捨てるときも家電リサイクル法で結構な費用がかかるしな〜。

　ところで、実際に行われたのか？　この〝競技大会〟。最後に気になる一文が……。〝地方大会で出場者が100人未満の地区は次年度に繰り越します〟ということは、あちこちの地方大会で100人未満だったら、繰り越し繰り越しで全国大会も開催できなかったんじゃないかな。それとも、地方大会は関係なく全国大会は毎年行ってたのかな〜。もし、出たことがある人がいたら、どんな感じだったか教えてほしいな。

　では、最後に謎の加算器を2つ紹介しよう。まずは、電子ブロック機器製造株式会社のダイアル計算器（写真31）。あの電子ブロック社、こんなものまで作っていたんだね。昭和40年代から50年代ぐらいの間、はやってたもんなぁ〜。まあ、平成生まれの人は知らないか、でも最近、付録付きの雑誌で電子[注20]ブロック復活したよね。あのシリーズって、付録が本体で雑誌が付録にしか感じられないなぁ〜。

　よく、おまけ付きのお菓子で同じようなのがあるけどね。どう見ても、おまけが本体でお菓子がおまけでしょう、って見えるけど、でも、ちゃんと〝ラ

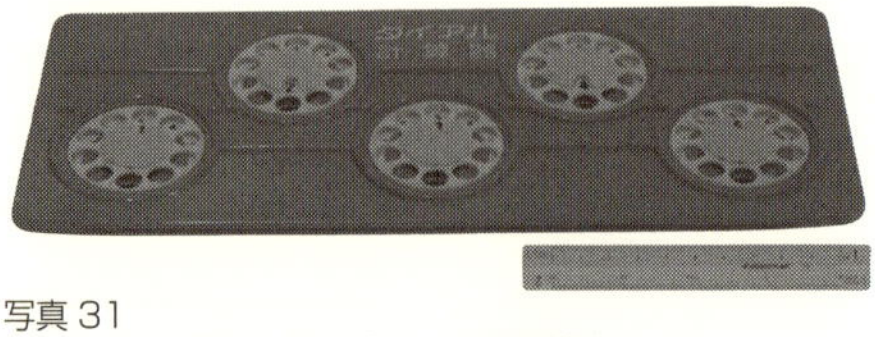

写真31
「ダイアル計算器」電子ブロック機器製造
昭和30年代〜昭和40年代（1955〜1974）

注20
電子ブロック：電気好き少年の憧れの製品・電子ブロックシリーズ。電子パーツを抜き差しすることで、ラジオやテスターなどさまざまな電子製品を作ることができる。

写真32
「SOLO(ソロ)計算器」
関西機械貿易株式会社
昭和30年代〜昭和40年代
(1955〜1974)

ムネ菓子〟とか〝チューインガム〟って名称なのよね。節税のためらしいけど。

で、この計算器ですが、まあ、実用は目指していなかったということで。あくまでも子どもの学習用だろう。外装なんてぺらぺらのプラスチックと厚紙でできてるし、ダイヤル（歯車）もプラスチック、耐久性なさそう。ダイヤルを回せば数字が足されていって、逆回転させれば引かれると、予想どおりの単純な機構である。まあ当然、繰り上がり、繰り下がりは自動ですよ。でも、よく今まで残っていたな、この品物。さっさと、ゴミに出されそうだけど。

もう1つ、作った会社も製造年も謎のSOLO[注21]（ソロ）計算器（写真32）。"Made in Japan"と書かれているから日本製であるのは確か。横のレバーを倒せばリセットですべて0にでき、後は数字の横のダイヤルを上げ下げすれば、足し・引きができる。繰り上げ、繰り下げは自動なので"MBC"よりは楽かな、でもポケットには入らない。説明書も何もないのでこれ以上のことはわからないが、使用法は推して知るべし。でも、このネーミングはやっぱり算盤を意識したのかな。

カチッ、カチッ、とやりすぎて腱鞘炎《けんしょう》になりそうなので、ここらへんで7時間目は終了したいと思います。では。

注21
SOLO（ソロ）計算器：なんとアルと保証書の入手に成功した。発売したのは大阪の「関西機械貿易株式会社」というところ。使い方は、あえて特筆すべきことはないな〜。ちなみに「ソロ計算機」らしい。だって保証書にそう書いてある。

8時間目

先生、何かあったんですか!!　すごい音がしましたが?

電動加算器

とにかく、うるさい

ここまでの計算器は基本的にすべて〝人力〟のものでした。今回は、ついに電気の力で計算する計算道具を紹介したいと思う。その名も〝電動加算器〟。平たくいえば、加算器をモーターで動かすものと考えていただければいい。いや、すごい工夫されていますよ。単にボタンを押したり、スタイラスを移動させる部分にモーターをつないだだけじゃないですからね。その分、巨大で重い。で、とにかく、うるさい。

実は、日本で製造された電動加算器についての情報は非常に少ない。というか、ネット検索してもほとんど引っかからない。しかし、海外ではけっこうポピュラーな存在だったようである。日本のネットオークションではまれにしか出てこない電動加算器も、アメリカのネットオークションでは常時出品されている。欧米で作られた電動加算器は現在も稼働しているものが多い。頑丈そうではあるが、手回し計算器もビックリの重量と巨大さを誇っている。

では、最初にタイガー計算器株式会社のタイガー加算器を紹介する（写真33）。たぶん、昭和30年代後半から昭和40年代前半製造と思われる。というか、日本で電動加算器がほんのちょっと気を吐いていたのはこの時期だけだし。そう、これはあの手回し計算器のタイガー計算器株式会社が作った電動加算器である。タイガー計算器も時代の波に乗るべく電動加算器を製造していた。ただし、ほとんど普及しなかったようで、現存しているタイガー加算器は少ない。株式会社タイガー本社には電動加算器が保存されているとのことだが、どうやら本品とは違う型番の様子。

製造年も不明のこの電動加算器、残念ながら動かない。よほど保存してあった場所が悪かったのか、キーもガチガチに固まっているし。箱に入ったままだったんだけど……。

レジスターではありません

じゃあ、具体的に電動加算器の使い方ということで、大洋ビジネスマシーンズ株式会社のGloria電動加算機、モデルGAE78NCを紹介する（写真34）。この品物、ネットオークションのレジスターの部門で出品されていた。まあ、確かに足し算を得意とする電動加算器ってレジスターっぽいけど。

説明書によると、発売元は太陽ビジネスマシン株式会社。同社は電卓を販売していたメーカーだが、電動加算器も販売していた。〝販売して

写真 33
「タイガー加算器」タイガー計算器
昭和 30 年代後半～昭和 40 年代前半
(1960 ～ 1969)

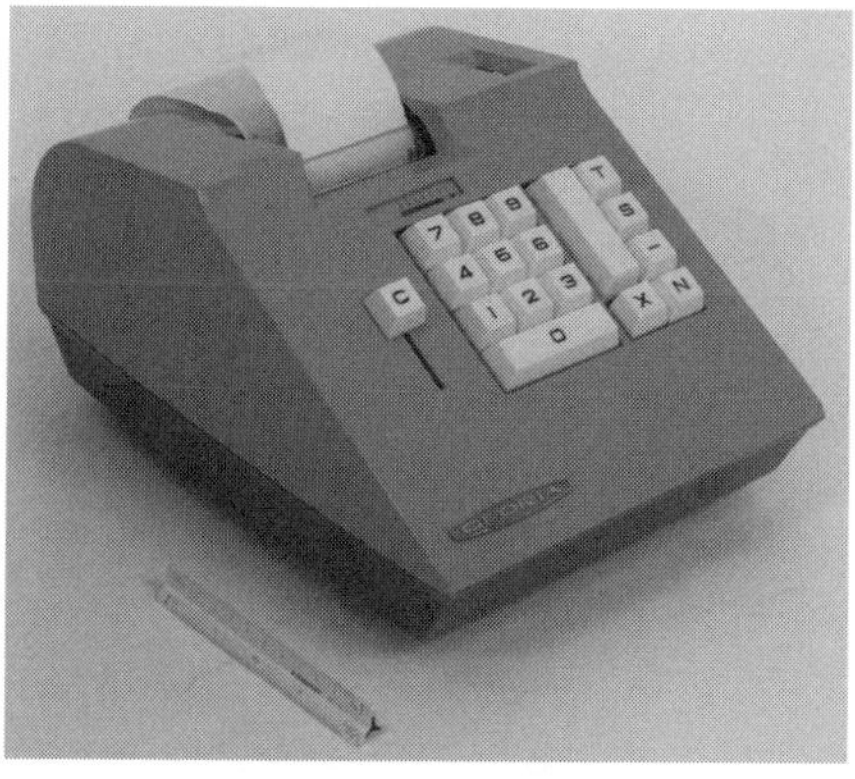

写真 34
「GAE78NC」
大洋ビジネスマシーンズ
昭和 40 年代（1965 ～）半ば

いた〟というのは作っていたかどうか自信がないから。ＯＥＭ供給を受けていた可能性もある。

えっ、「そんな電卓を作っていた会社知らない」って？　私も聞いたことなかった。電卓のところで触れるけど、電卓の黎明期には大、中、小、たくさんの会社が電卓を販売していた。その中に、太陽ビジネスマシン社がGloriaというブランド名で電卓を販売していた。〝大洋ビジネスマシーンズ〟と〝太陽ビジネスマシン〟。違うといえば違うけど、同じ〝Gloria〟だし、全く関係ないということはないだろう。名前が変わったか、誤植か、合併かは知らないけどね。

この品物、幸運なことに説明書が残っていた。だからこそ大洋ビジネスマシーンズ株式会社の品物と断言できる。製造年は不明だが、おそらく電動加算器が洗練されたころの製品なので昭和40年代中ごろの製造だと推測している。理由は、小型だし、中を開けて見たんですが、密に無駄なく部品が配置されている。ただ、惜しむらくはこれも動かないのよね。モーターが空回りするばかり、どうやらモーターと計算機構の接続に不具合があるみたい。

ソロバン2級以上

さて、話をぐっと引き戻して、使い方の説明をと。説明書の導入部分にいきなり、「毎日1時間づつ練習すれば、1ヵ月後にはソロバン2級以上の計算能力が……うんたらかんたら」と書いてある。やっぱり、こいつもライバルは算盤か。それにしてもなぜ2級なんだ？　2級は8桁の加減算（見取り算）ができて、1級は10桁の加減算が問題として出題されるはずだが、その違いか？　解答の制限時間は1級も2級も一緒だしな。じゃあこの機種は8桁の機種だから2級まで。1級になりたければ11桁対応の高級機のGA111NCを買えということか？　金で級を買えと。いや、そんなことはないだろう。GAE78NCは合計が8桁までで、加減算に使える数は7桁の機種なので、根本的に8桁の加減算はできない。うーん謎だ、やっぱり電動加算器は謎が多い。

いかん、気を取り直して計算方法を説明しよう。おーっ!!　いたって普通じゃないか。最初リセットして、後は足したい数をテンキーで入れて、＋、

数を入れて、＋、数を入れて、＋、最後に合計キーを押して答えを出す。

おーっ、普通に使えそうじゃないか、これまでのがほら、アレだけに、普通に計算できると感動してしまう。ちなみに、計算途中も合計もすべて紙に印字される。確かにキャッシュレジスターみたいじゃん。引き算もほぼ同じような操作、途中に－キーを押すだけ。おー立派、立派、使ってみたい気がする。

加算器だからね、ぜいたくは言うまい

じゃあ、掛け算はどうやるんだ、掛け算は。そうか、〝×〟キーがトグル（1回押すとオン、もう1回押すとオフと、押すたびにオンとオフが切り替わる）になっているのか。これ、オンにしていると＋キーを押すだけで同じ数が足される。－キーだと同じ数が引かれる。じゃあ、745×6は、×キーをオンにして、745をセットして、＋、＋、＋、＋、＋、＋と……。

うーむ。まあ、〝加算器〟だからね、ぜいたくは言うまい。

ここまでに紹介した私の電動加算器コレクションはいずれも不動品。

Gloriaも説明書はあるけどモーターが空回りで、ここまでの計算方法の説明も実は私の頭の中での妄想。そこで、次は動くマシンを紹介しよう、株式会社リコー（RICOH）の電動加算機RICOMAC201（写真35）。出ましたよ、またまたリコーです。計算尺、手動加算器に続いて、電動加算器もリコーグループは作っていたんです。あとは、RICHOという名前の入った手回し計算器と算盤を見つければ、昭和の計算道具をひととおりリコーは作っていたことになるのかな。

さて、この加算器の製造は昭和40年代前半だと思われる。こいつの値段は

説明書には割り算のやり方も説明されている。いや、何回引けるかではないよ。それは、もう辟易《へきえき》だよね。なんと、逆数を掛ける方法。245 ÷ 17は、245に17の逆数｛逆数：aの逆数は1/a ※ただしaは0でないこと｝を掛けること、つまり245 × 1/17と同じだから、0.0588235（≒ 1/17）× 245をやれと。そうすると、割り算も掛け算で解けるはず。ちなみに、245 × 0.0588235の計算操作ではない。なぜなら、0.0588235 × 245だったら、0.0588235を100倍して2回、10倍して4回、そのまま5回足せば答えが得られるが、245 × 0.0588235だったら……。なんと、説明書の最後の2ページには、1から1,000までの“逆数”が小数点以下7桁表になって掲載されている。そうね、これで確かに割り算が計算できるよね。やってみたいかどうかは別だけど。

わからないが、カタログに載っている姉妹機の値段から推測すると4～5万円ぐらいで市販されていたと思う。今の価値では40万円ぐらいか。スバル360より1桁安いけど結構な高価格。そうね、でも、掛け算、割り算はあれだけど、足し算、引き算は十分実用的かな。算盤が苦手な人には有用だったかも。これ、Gloria と同じく加算器の末期に発売されただけあってコンパクト。でも、5kg近いので携帯は無理。まあ、机の上で固定かな。実際、操作してみると、ほぼ先ほどの Gloria 説明書どおりの使用法。機種が違うので、キーの刻印など若干違うけど。

でも、電動加算器の最大の問題点は〝騒がしい〟こと。合計キーを押すとモーターが回転して計算するのだが、その、うるさいこと、うるさいこと。このRICOMAC は電動加算器の最終形態に近いから、それなりに静音化を達成していてマシなほう。いや、それでも、うるさいよ。無音にはほど遠い。計算するたびにガチャン、ガチャン、ガチャンと鳴り響く。図書館で使ったら即退室、出入り禁止になりそう。

古い機種は、なおさらすさまじい音がする。というわけで、シチズンホー

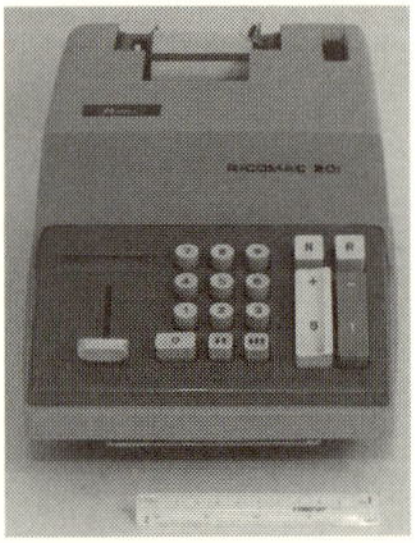

写真35
「RICOMAC201」
リコー
昭和40年代（1965～）前半

ルディングス株式会社のホームページに〝機械式の電卓機能を持つ電動加算機第一号〟と、解説付きで掲載されているCA-10を紹介しよう（写真36）。これは昭和40年発売らしい。こいつ、手に入れたのはいいものの、説明書も何もついていない。電源部に60Hz-100Vと書いてある……。関東では使えないじゃん。Gloriaは50/60Hz共用と書いてあったぜ。しょうがない、実家にでも送って試してもらうかなあ～っと、思案に暮れていた。が、そこは、アバウトな性格の私のこと、まあ、大丈夫だろう、スイッチ、オン、シーン、おっ、静かじゃん。ていうか、ダメだろうこれ、やっぱり50Hzじゃダメなのか。

机の上の本を倒しただけだよ

アバウトばかりじゃなく、あきらめの悪い私のこと。さあ、開腹、開腹と。Gloriaに比べて空間がたっぷりあるまばらな構造です。モーターも手で触れるし、軸も手で回せるし。ということで、スプレータイプのサビ落とし剤をシューっと、軸を手でぐりぐり、また、シューっと、ぐりぐり、おー、抵抗

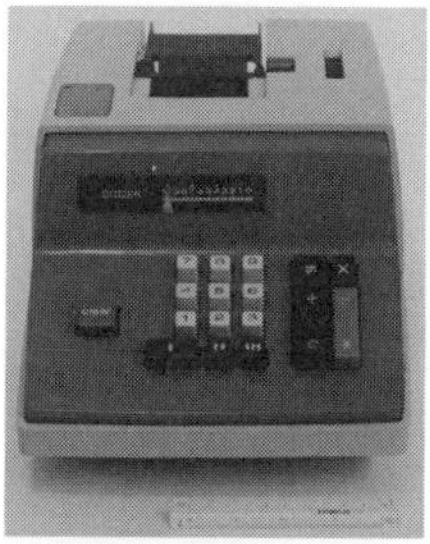

写真36
「CA-10」
シチズン事務機
昭和40年（1965）

が少なくなってきた。動きそうだ。さて、スイッチ、オン!! ガシャ、ガシャ、ブーン、ガシャ、ガシャ、ブーン、ガシャ、ガシャ……。シチズンさん、スッゴイうるさくて、モーターが回り続けて止まらないんですが。

電源コードを引き抜いて機械を止めるとほぼ同時に、隣の研究室で実験にいそしんでいた学生が飛び込んできた。「大丈夫ですか先生!! すごい音がしましたが、どうしたんですか?」。……すっと計算器を体の陰に隠して、「いや、何でもないよ。机の上の本を倒しただけだよ。で、実験のほうは進んでる?」。ふーっ、危ないところだっ

た。いや、別に、教育用の〝教材〟を修理していたのですから、いいんですが、なんとなくねぇ〜。たぶん、品物が悪いんじゃないと思う。故障していたのが原因。でも、やっぱり静音化とコンパクト化が年代とともに進んでいるようで、古いのはよりうるさい。

いくつか電動加算器を手に入れたが、故障しているものが半数ぐらい。また、動くものも印字するためのインクリボンが枯れているのばかり。いまさら新品のインクリボン[注22]も入手不可能な状態である。まあ、これもしょうがないかな。巨大で重いし、たぶん、ホコリまみれで倉庫の片隅に置き忘れられていたんだろうし。算盤や計算尺とは違った意味で〝後から出てくる「あいつら」と置き換わった〟もんなぁ〜、用途が完全にかぶるし。

では、この時間の最後に東京電気株式会社製の電動加算器 BC-43H を紹介しよう（写真37）。「東京電気株式会社、どっかで聞いた」って、そうそう、あの手回し計算器ブルースターを作った会社（50ページ参照）です。つまり、〝東芝〟の関連会社。東京電気株式会社はトステックという「コンパクトな電動加算器を売り出し、輸出品として好評を得た」とのことである。どうや

注22
インクリボン：インクリボンが入手不可能なのは事実だが、同色（赤黒２色）・同幅のリボンがタイプライターに使われていることが判明。さっそく入手して加算器のスプール（リボンを巻くリール）に巻き直してみた。使えるじゃん。機械部分が故障しているものはどうしようもないけどね。

ら、これはトステックの前身の機種で昭和30年代の品だと思うが、詳細不明。でも、東芝さんもリコーさんと同じように計算道具では老舗なのね。算盤や計算尺は作っていなかったの？

　では、8時間目はここまで。ガシャ、ガシャという音が耳について、寝つきが悪いかもしれませんが、明日の朝イチの9時間目も遅刻しないように。では。

写真 37
「BC-43H」東京電気
昭和 30 年代（1955～）

9時間目 そして、終焉《しゅうえん》が訪れた 電卓①

重さは140kg重

さて、いよいよ昭和どころか、現在も計算道具の中心であり続ける電子卓上計算機、まあ、〝電卓〟だよね、その紹介をしたいと思う。でも電卓については、現在も使われているだけあって、大勢の方がよーくその歴史を調べていらっしゃる。あえて、ここで私が紹介しても、無知さ加減が露呈して恥ずかしい限りである。そこで、あくまでも私のコレクションを中心に説明したいと思う。まあ、ちょっとだけは歴史に触れるけど。

電子卓上計算機の前に〝電気計算機〟というものがあったらしい。電動加算器などは、電気を歯車回転の動力として使っていた計算機なのに対して、電気を使ってデータを記憶できる機能を持ったのが電気計算機。その代表格が、リレースイッチのオン・オフを行うことで計算ができる〃リレー計算機〃。昭和32年発売のカシオ計算機株式会社のリレー計算機14－Aは140kg重で、当時の値段48万5000円だった。ネットで検索して出てくる写真を見る限り、机と一体化している。すごくデカイし、140kg重。値段もスバル360より高いぜ。今の価値で考えると1000万円ぐらいじゃないか。でも、2階建て木造住宅よりは安いがな。この機種、当時の海外製品に勝るとも劣らぬ高機能で画期的な製品で、科学技術庁から表彰されたらしい（昭和32年度科学技術長官賞受賞）。ちなみに、昭和34年発売の後継機、14－Bは〃自動開平機能などを搭載して〃65万円とか。自動開平機能って要するに平方根（ルート）の計算ができるということだよね。高機能化が進んで性能アップっと、でも、値上がりしてるし〜、一般庶民には無縁の世界か。

庶民にはちょっと手が届かない

電気計算機に取って代わったのが電子卓上計算機（電卓）で、市販レベルでは昭和37年にイギリスの会社が発売したANiTAが最初らしい。真空管を用いた電卓で重量14kg重、1000ドルだったとか。このころは固定相場制で1ドル360円だから、36万円ってとこね。なるほどね、ここらへんから、算盤や計算尺に黒い影が迫り始めたのね。

さて、日本で電卓元年といわれるのが昭和39年。各社、一斉に電卓を発売。今も、皆さんが聞くメーカーがいっぱいですよ。シャープ株式会社（当時は早川電機工業）とか、キヤノン株式会社とか。そうそうCanonは〝キヤノン〟ですからね。〝キャノン〟じゃないよ。発音はキャノンに近いと思うけど。えっ「ヤが大きい理由？」。デザイン重視ってことらしいよ。ついでに、石橋正二郎さんが名前をひっくり返して会社名にしたというあの会社も〝ブリヂストン〟ですからね。〝ブリジストン〟じゃないよ。間違えやすいんだよね。えっ、「キヤノンはまだしも、なぜ、突然ブリヂストンの話を」って？　いや、私の田舎がブリヂストンに縁が深ーいゴムの町だから、ただそれだけ。

開発当時の日本のメーカーは、真空管からトランジスタ化を目指して開発を行っていたらしい。世界初のオールトランジスタ電卓はシャープが昭和39

電卓元年は昭和39年。この年1964年10月10日に東京オリンピック開幕年に発売したCS−10A。発売時、53万5０００円。カシオのリレー計算機とあんまり値段変わっていないのね。庶民にはちょっと手が届かない。

電卓よ、おまえもか

そうそう、ソニー株式会社も電卓を開発し、昭和39年に発表している。実際に発売したのは昭和42年。えっ、「ソニーは今、電卓作ってないじゃないか」って？　ソニーは昭和48年に電卓の製造から撤退した。後で触れるけど、電卓市場は昭和40年代の終わりには、小型化と低価格化の嵐の中で採算ギリギリの消耗戦になりつつあった。

というわけで、ソニー製の市販品として最初の電卓、SOBAX ICC-500、定価26万円を紹介する（写真38）。うたい文句は「これがお待ちかねの電子ソロバン」。やっぱりライバルは算盤か。〝電卓よ、おまえもか〟って感じ。

このICC-500、私が所持している中で最も古い電卓なんだけど、実は、この時期数年間に発売された他の会社の電卓に比べて、勝るとも劣らぬ先進機能を持つ製品。まず、そのコンパクトさ。この時代、電卓がトランジス

写真38
「SOBAX ICC-500」
ソニー
昭和42年（1967）

タからＩＣに移行していたのは普通なんだけど、モジュールＩＣの採用などさまざまな工夫を凝らし、6・3kg重と軽い。えっ、「重い」って！　いや、この時代では、超軽～いって。もともと、電子〝卓上〟計算機ですよ。机の上に置いて計算するもんなんですよ。そのぐらい大きくて重いの。ほら、ANiTAは14kg重ですよ。

これこそ博物館級のお宝

ICC-500は、実際に持ち運びを意識していて取っ手付き、かつ、バッテリーパックが装着可能で、満充電で4時間動いた。別売ケーブルを使えば自動車のシガーライターソケットから電源供給も可能であった。そう、持ち運んで使うんですよ。もうこのころから机を飛び出して、たとえば膝の上、つまりラップトップみたいに使うとか考えていたんですよ。えっ、「膝の骨が危ない」って？　大丈夫ですよ、たぶん……、保証はしませんが。あっ、ラップ(lap)はイスに座ったときに太ももの水平になる部分を指す英語だよ。だから、その上に乗っけて使うからラップトップ。昔は、小型のパソコンをラップトップパソコンっていったんだよね。今は、さらに小さくなってノート型パソコン。ちなみに、ラップミュージックのラップ（rap）とは綴りも意味も違うからね。うーん、勉強になる〜っ。

この画期的なICC-500は、アメリカのスミソニアン博物館に収蔵されているとのことです。そうか、これこそまさに博物館級のお宝というわけか。私が手に入れたこの品物、説明書付きで超キレイな状態です。

では、次にキヤノンが昭和43年の年末に発売したCanola1200を紹介する（写真39）。この電卓、説明書はなかったのですがキャリーバッグが残っていました。「使用書を追放したキヤノーラ〈ミニ〉」と宣伝していたみたいだから、ひょっとしたら説明書は最初からなかったのかしらん。さすがに、そんなことはないと思うが。

Canola1200はICC-500の14桁表示には負けるが12桁表示で、12万6000円と低価格だった。当時、〝1桁1万円の時代が到来〟というのがこの品物の売り文句。違いの2桁にこだわらなければICC-500の半分の値段だし、実際に、それなりに売れたらしいです。新聞広告にも〝予想以上の需要に追わ

写真39
「Canola1200」
キヤノン
昭和43年（1968）

れ〟とか書かれていたということだから、手に入りにくかったのかも。店の前には発売日数日前からテント持参で並んでいる人もいて、開店と同時に人が殺到したとか……。いや、冗談ですよ。

さて、このCanola1200、実は使用していない桁には0が表示される。当時はこれが普通だった。ICC-500はその前年発売にもかかわらず、今の電卓と同じように使っていない桁は点灯しない。この点でもICC-500は画期的。しつこいですが、さすがスミソニアン博物館級！

ところで、このころの電卓は数字の表示方式に冷陰極表示放電管（ご年配の方にはニキシー管という〝商品名〟のほうが有名）が用いられているのが一般的である。このCanola1200もそうだし、ICC-500もしかり。冷陰極表示放電管のイメージとしては、真空管（この言葉自体、今の若い人は知らないか……）の中で、ネオンサインでできた数字が点灯する方式。0から9までの数字と小数点が個々にすべて内蔵されている。そのために、点灯している数字によって、手前に表示されたり、奥に表示されたりと、なかなか趣がある。冷陰極表示放電管、今では一般に見ないけど、その温かみのある数字に根強い人気があり、これを用いた時計など作っている人もいるみたい。

しかし、この冷陰極表示放電管はけっこう電気を食う、また、高電圧も必要。さらには特許問題なども絡んで、新しい表示方式の開発が急ピッチで進められた。

ひけー、ひけー、撤退じゃ～

ということで、三和プレシーザ株式会社のPrecisa GS-12を紹介しよう（写真40）。おそらく昭和44年ごろの製造と思われる。正直、正確な製造年も値段も不明。失礼ながら会社名も聞いたことなかった。前にも触れたけど、電卓の販売ってたくさんの会社が手がけたのよね。いや、それなりに高価格なのでもうかると思ったんでしょう。たぶん、最初は、「これからは電子卓上計算機の時代じゃ、やれいけそれいけ～」って猫も杓子《しゃくし》も電卓を売り始めた。ところが、今も同じだけど価格はどんどん下がるし、小型化と高性能化の開発費はかさむしで、「ひけー、ひけー、撤退じゃ～」となったんだろうな。撤退に成功した会社はよいほうで、討ち死にした会社もあったみたい。

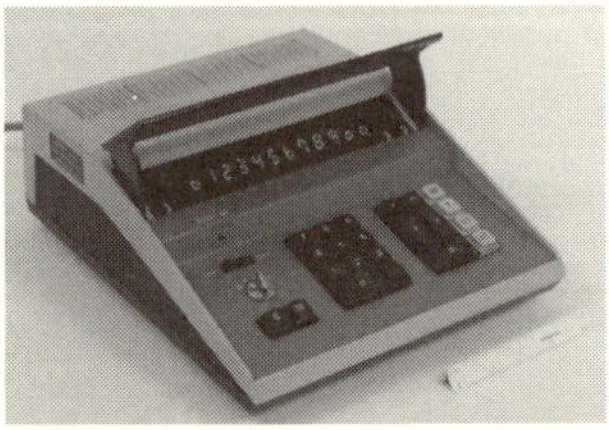

写真40
「Precisa GS-12」
三和プレシーザ
昭和44年(1969)ごろ

で、三和プレシーザ株式会社、ちゃんと今も元気みたいだが、さすがに、もう電卓は売ってないみたいね。この品物、同等機種がゼネラル（現・株式会社富士通ゼネラル）から発売されていたので、ひょっとしたらOEM供給を受けていたのかもしれない。

このPrecisa GS-12、当時の一般的な機能を持つ機種なんだけど、表示がエルフィン管（※商品名＝岡谷電機産業）を使用しているみたい。基本は冷陰極表示放電管と同じようなものなんで、電気も食うし高電圧も必要なんだけど、今の電卓みたいに、数字を7つの棒（セグメントという）で表示している方式。文字が前後に動かないし、少し洗練されてきた感じ。

アポロが生んだ電子技術

じゃあ、次に、アポロ11号が月に行った昭和44年に発売されたMOS-LSIを使った世界初のLSI電卓、シャープ（早川電機）が発売したQT-8Dを紹介する（写真41）。キャッチフレーズは〝アポロが生んだ電子技術、生まれました電子ソロバン〟。いや、算盤はもういいーって。でも搭載したLSIは

写真41
「QT-8D」シャープ＆コクヨ
昭和44年（1969）

アメリカに外注したもので、実際、アポロの技術供与を受けて開発したとの話。

このQT-8D、定価は9万9800円。ほらほら、安くなってる、安くなってる。この電卓、MOS-LSIを4個搭載して、電子回路をすべてLSIで構成した世界初の電卓らしい。1・4kg重と著しい小型化と消費電力の削減に成功して、携帯電卓への道を開いたともいえる電卓。

このQT-8Dを含め、シャープが製造した4つの電卓CS-10A、CS-16A、QT-8D、EL-805が、平成17年に米国電気電子学会（IEEE）からIEEEマイルストーン[注23]に認定されている。歴史的・社会的に大きな価値のある品物ということらしい。ちなみに、この4種の電卓のうち、私が持っているのはこのQT-8Dだけ。ほかも欲しいけど、皆その価値を知っているから、オークションで出品されても高騰気味。

しかし、シャープに限らず日本のメーカーの電卓開発における功績は素晴らしいと思う。確かに、電卓戦争といわれた状況はメーカーにとっても消耗戦できつかったと思うけど、切磋琢磨してこそ進歩も速かったんだろう。

注23
IEEEマイルストーン：IEEE（米国電気電子学会）が電気・電子・情報・通信分野において、社会や産業の発展に多大な功績をしたと認められる歴史的偉業を表彰し認定する制度。成果が生み出されて25年以上にわたって、世の中で高く評価を受けてきたという実績が必要。1983年（昭和58年）創設。

ところで、QT-8Dに採用されていた表示管は独特。用いているのは伊勢電子工業（現・ノリタケ伊勢電子株式会社）が開発した蛍光表示管。冷陰極表示放電管と比較して低消費電力なんだけど、特筆すべきはそのフォント。斜めに傾いたようなフォントで超芸術的。シャープはこの後の製品でもしばらくこの表示管を採用していたが、そのうち消えてしまった。まあ、この表示管は数字が一つひとつ別の管で独立しているから小型化には限界がありそうだし、しょうがないか。シャープさんどうです、液晶でこのフォントを再登場させたら、ヒットするかもしれませんよ。まあ、無駄にコストアップするだけかな。

実は、私が持っている箱付きのQT-8D、コクヨブランドで発売された品で、あまり見ない。かといって、シャープの名前がどこにもないかというと、商品自体に"SHARP"のロゴも入っている。ということは、完全なＯＥＭというわけでもなさそう。コクヨ株式会社のホームページからの情報では、当時シャープと提携していたとの話。つまり、コクヨはこのころ、けっこうシャープと仲がよかった様子。この後も長ーい間、シャープからいろいろな電卓の供給を受けている。途中からはシャープ名は見えなくなって、見た目は完全にコクヨの電卓になってしまっているけれど。シャープの電卓と並べてみると、OEMとわかる。

計算道具たちの終焉

じゃあ、最後に昭和46年発売の松下通信工業株式会社のPANAC-1000(JE-102)を紹介しよう(写真42)。あの、松下グループも電卓を製造していた。価格は6万9900円。〝6万9800円〟じゃなくて、6万9900円というところが憎い。

さて、この時期になると、そろそろ過去の計算道具の終焉だ。少なくとも、完全に使用用途がかぶる電動加算器が太刀打ちできる状況ではなくなった。少しぐらい高くたってさ、電動加算器2台より電卓1台を買うでしょう。図書館でもつまみ出されることなく使えそうだし。

このPANAC-1000は小型化、低価格のほか見た目にも気を配っている。美しい白・黒のコントラスト、曲線を用いた美しいデザイン。昭和46年のグッ

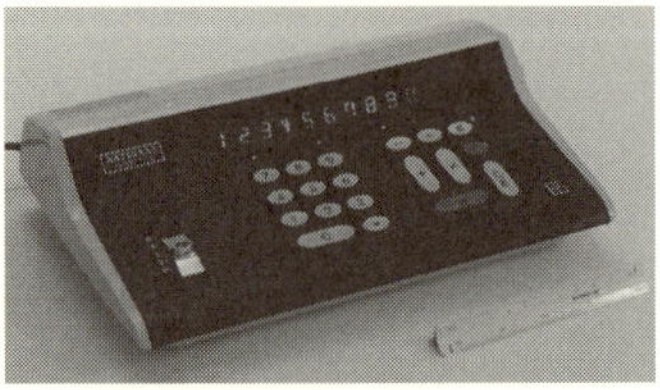

写真42
「PANAC-1000」
松下通信工業
昭和46年(1971)

ドデザイン賞を受賞している。残念ながら、私のものはプラスチックの白が黄ばんでしまっていてせっかくのコントラストが台なしだが。

グッドデザイン賞か……、この当時はどんなものだったのだろう。現在は、応募数のうち30%ぐらいが受賞しているとのことだが。ちなみに、グッドデザイン賞は応募制です。決して、知らないうちに〝この商品のデザイン性は素晴らしい、ぜひ表彰させてくれ〟なんて具合に誰かが勝手に選んでくれるものではありません。どうです、皆さんが開発したものも挑戦してみては。1次審査料、2次審査料、基本出展料、年鑑掲載料、Gマーク使用料、とそれなりに費用がかかりそうですが。

さて、そろそろ9時間目も終了といきますか。ちょっと、そこ！　私のスミソニアン級のお宝を乱暴に扱わない!!　では。

会社名にだって歴史がある

計算道具を調べていると、すでに存在していない（ぶっちゃけつぶれた？）会社の製品にけっこうぶつかる。現存してなくても痕跡が確認できればいいほうで、全く情報がない会社もある。まあ、本気で過去の登記簿でも調べれば何かわかるかもしれんが……。

現在ポピュラーとか、日本人なら誰でも耳にしたことがある会社やテレビコマーシャルでよく見るような、いわゆる大メーカーもいろんな変遷をしてきている。

たとえば、電卓開発の歴史を語るうえでは絶対に外せないシャープ株式会社も、もとは創業者の名前由来の早川電機工業という会社名であった。さらに前身は早川金属工業研究所。現会社名になったのは昭和45年（1970）からとのこと。本書でも紹介しているQT-8Dは昭和44年発売のため、早川電機製造とシャープ製造のものがある。ちなみに、シャープという社名は大正4年（1915）に発明し、アメリカをはじめ世界的に大ヒットした〝シャープペンシル〟という名前からきているらしい。

また、本書であちこちに顔を出す〝リコー製の……〟、これは厳密にはリコー計器株式会社と株式会社リコーと別会社の製品で、それぞれの会社に沿革がある。リコー計器株式会社は、本文でも触れたが日本文具株式会社、東洋特専興業、日本計算尺、リレー産業株式会社、三愛計器株式会社、そしてリコー計器株式会社となっている。

計算尺を集めると、東洋特専興業製、Realy（三愛計器製）、リコー製といろいろな製品にぶつかるけど、製造時期が異なるだけですべて同じ会社の製品である。また、姉妹会社の株式会社リコー（おそらく電動加算器や電卓など、電気を使う計算道具はこちらの会社の製品だが）は、理研感光紙株式会社、理研光学工業株式会社と社名が変わって現名称になった。旧社名から想像がつくが、財団法人（現在は独立行政法人）理化学研究所の研究成果を工業化する目的で設立された会社で、理研コンツェルンという財閥のグループ会社だったとか。旧財閥はGHQの指導により解体。

このほか、株式会社東芝もなかなか調べがいがある。会社の創業者は江戸から明治にかけての発明王〝からくり儀右衛門〟こと田中久重。筑後国久留米（現在の福岡県久留米市）の生まれで、私はなんとな～く愛着を感じてしまう同郷の好《よしみ》。

東芝は明治8年（1875）に創設した田中製造所が始まり。昭和14年（1939）に芝浦製作所と東京電気が合併して東京芝浦電気、そして株式会社東芝になった。ところが、機械式計算器や電動加算器の初期モデルを作ったのは、東芝の姉妹会社・東京電気株式会社（現・東芝テック）である。昭和14年に東京電気はなくなったはずなんですが……。ややこしいが、これは別会社。昭和25年（1950）に東京芝浦電気大仁工場から独立した東京電気器具株式会社が、昭和27年（1952）に東芝の旧会社名と同じ東京電気株式会社になった。この会社が、後に「東芝ブランド」で売り出す大本の機械式計算器や電動加算器を作っちゃいました。

姉妹会社ですから、はたから見ているとどっちでもいいんですが……。どのみち最後は東芝の製品と称されますし。

10時間目

水より安い100円なり
電卓②

ちょっと、重いんですが

さて、今回は小型化、低価格化、さらには、えっ何じゃこりゃ化、した電卓の話をしよう。これまで、卓上用、またはラップクラッシャー用!?　として活躍していた電子卓上計算機だけど、さすがに大きすぎ～、ということで小型化を目指していくことになる。

それでは、シャープが開発したQT-8Bを紹介する（写真43）。昭和45年に製造。えっ、「もう知ってる」って、いや、いや、前に紹介したのはQT-8D、これはQT-8B。えっ、「紛らわしい」って。文句はシャープに言ってよ。私がネーミングしたんじゃないし。

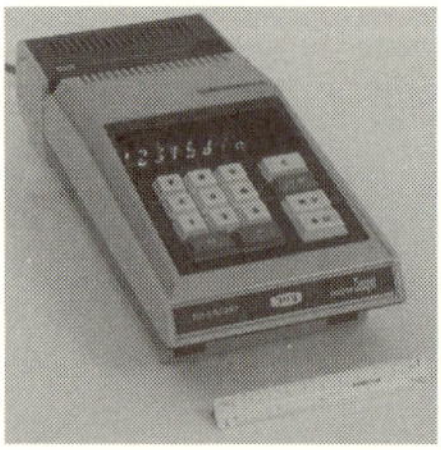

写真 43
「QT-8B」シャープ&コクヨ
昭和 45 年 (1970)

で、この電卓だが、まあ、基本はQT-8Dと一緒。大きさも同じならば、見た目もほとんど一緒じゃん、という感じ。シャープはこれを充電池搭載のポータブル電卓として売り出した。でも、実はQT-8Dは1・4kg重だったのに、このQT-8Bは1・6kg重、と重くなってるし～。まあ、QT-8Dに取っ手をつけて、バッテリーを搭載して、はい、持ち運びできるポータブル電卓の完成、ってとこかな。定価も、バッテリー分を上乗せして11万7000円。開発した人、寸法を変えずにバッテリーを搭載するのは苦労したでしょうね、ご苦労さま。

ちなみに、私が持っているQT-8D、なんと〝コクヨ〟ブランドです。で、コクヨと書いてあるけど、やっぱり一緒にSHARPというロゴも入っている。QT-8Dをコクヨブランドで売っていたのは、知ってたけど。QT-8Bも売っていたのね。ということで、これ、コクヨのQT-8Bというレア物。

このころの〝携帯型〟電卓に搭載されているバッテリーは、ニッケル・カドミウム蓄電池といわれるタイプ。よく、ニッカド電池というが、これも、またまた商標らしい。JIS（日本工業規格）名はニカド電池。相変わらず、ややこしいなぁ〜。この当時は、携帯サイズの蓄電池といえばこれ。今では、電気容量が少ないとか、継ぎ足し充電すると容量減る、さらに公害で問題となったカドミウムを使っている、などの欠点があるためにほとんど見かけないが、大電流が必要なモーターを搭載したラジコンカーとかにはまだ用いられていたりする。そういえば、この前買った充電式のひげそりはニカド電池搭載だった。やっぱり、ひげは大電流を食う大出力のモーターで、じょりじょりそらないと。

これこそ本当の携帯サイズ

では、次はいよいよ〝本当〟の携帯電卓、EL-8を紹介する（写真44）。いえ、決してQT-8Bが携帯用でないという意味じゃないですよ。いや、ほら、なんとなーくね、1・6kg重は年寄りにはつらいかなと。で、こいつ、昭和46年発売で定価は8万4800円。よっしゃ、安くなってる。まあ、あのグッドデザイン賞のPANAC-1000よりは高いけど許容範囲ね。ようやく、手のひらサイズ、でも、分厚っ。当然、ACアダプターでも使える優れもの。表

写真44
「EL-8」シャープ
昭和46年(1971)

示も緑の蛍光で、あのシャープ独特のフォントでオシャレさん。ここらあたりから卓上を返上して、〝電子手のひら計算機〟〝電子ポケット計算機〟〝電子小さすぎておじさんの太い指で押せないじゃん計算機〟へと、着々と小型化が進んでいくんだなぁ～。

このEL-8ですが、充電池が入ってないと〝電池でなくＡＣ電源で使う場合でも電源が入らない〟んですね。まあ、ここらへんは最近のスマホやなんかも一緒ですね。電池抜いちゃうとコードをつないでも電源オンできないもんな。まあ、ちょっと配線変えればつくけどね。で、このころの電卓、今、手に入れてもほぼニカド電池がお亡くなりになっている。こいつも、手に入れたときはその状態、そこで、いつものように開腹、開腹と。

そしたら、単三電池と同じサイズのニカド電池が６本、プラスチックケースに入って内蔵されていたんですね。なるほどね、分厚い理由の一つはこれね。うーん、こりゃ重いわ～。まあ、今だったら、カメラやスマホの機種ごとに電池を開発するけど、この当時は汎用部品を使ってたんでしょうね。でも、単三のニカド電池ね～、最近見ないしな～。アキバ（秋葉原電気街）に行くか、ちょっと怪しげな通販だと売ってるけどな〜。そこまで入れ込む気もないし……。ということで、ちゃちゃっとサビを落として、端子を磨いて、はい、おしまい。電源オン。お、電源入るじゃん。充電は無理そうだけど、電源入るだけでももうけもんというわけで。

そうそう、ニカド電池を最近のニッケル水素電池やリチウムイオン電池と勝手に入れ替えないようにね。特性が違うので危ないですよ。充電ができない程度ならいいのですが、爆発したり発火したりする可能性がありますよ。充電池は高エネルギーを蓄えるだけあって危険なんです。特性をよ〜く理解しているはずのメーカーの純正品でも、携帯電話やカメラの電池が「発火の恐れがある」とか「異常加熱の恐れがある」とかいって、年中リコールしてるでしょ。ましてや、素人が〝違う種類の電池〟を入れたら……。

さて、当然シャープ以外にもこの当時いろんなメーカーが携帯電卓を開発していた。ということで東芝（当時は東京芝浦電気）のBC-0801Bを紹介する（写真45）。昭和47年発売で定価4万9800円。おーっ、5万円切ったか。480g重と手に持てる重さで、幅も約10cm。愛娘いわく「ぎり、持てる」

写真45
「BC-0801B」東芝
昭和47年(1972)

とのこと。東芝さん、よかったですね。実験の結果〝女子高生でも持てる〟と断言できます。

東芝はトスカルという名前で電卓を販売していました。で、これは小さいトスカルでトスカルミニ。覚えている人は、トステックという名前記憶にな～い？　そう、東芝の電動加算器がトステック、電卓がトスカルだよ～。で、この電卓、演算子素子として東芝が開発した1チップLSIを搭載した価値ある電卓とのこと。確かに、QT-8Dもそうだったけど、演算部は外国に外注が多いんだよね～。今でも、パソコンのMPUなどの演算部は外国製品だし～。ほら、前に触れたインテルだよ、インテル。う～ん、結局このころから、演算系は欧米なのね。

奥さまが怖いわけじゃない

電卓の低価格化はまだまだ進む。衝撃の価格だったのが、昭和47年に1万2800円で発売された乾電池で動く6桁電卓、カシオミニ。電卓業界ではカシオミニショックといわれた。CMも流れていたな～。「答～え、一発カシオミニ」ってフレーズ、おそらく私の年代ぐらいから上の人は、今でも口ずさめるんじゃなーい?。この初代カシオミニ、小数はおまけ程度にしか計算できないし、6桁しか表示できないけれども、これまで5万円近くした電卓を一気に、皆が買えるところまで近づけた。

では、〝昭和48年発売のカシオミニシリーズ4代目〟、定価1万2800円のMini CM-603を紹介する(写真46)。えっ、「初代のカシオミニじゃないのか?」って。ごめん、持っていないのよね。オークションで落札を狙ってもいいけど、初代のカシオミニって記念碑的電卓の一つなので、けっこうな値段になる。電卓マニアって多いんだよね。私のモットーは、他人が気にも留めない一品を探すってことだから……、決して、奥さまが怖いわけじゃないのよ。本当、信じて。

このMini CM-603は、初代カシオミニが発売された翌年製造の発展形です。初代は小数点キーさえなかったのが、なんと、これは〝完全浮動小数点〟対応。つまり、計算結果に応じて小数点が自動的に移動するってわけ。すごいでしょう。でも、翌年に4代目ってすごいスピードで製品開発してたのね。

写真46
「Mini CM-603」カシオ
昭和48年(1973)

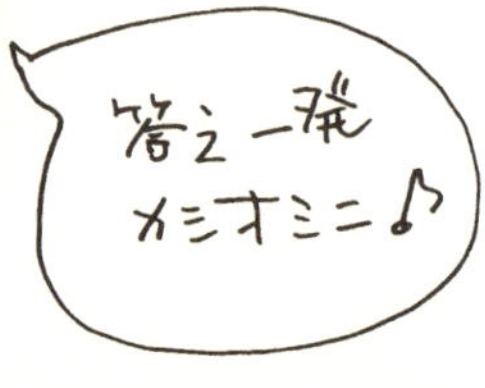

写真47
「EL-120」シャープ
昭和48年(1973)

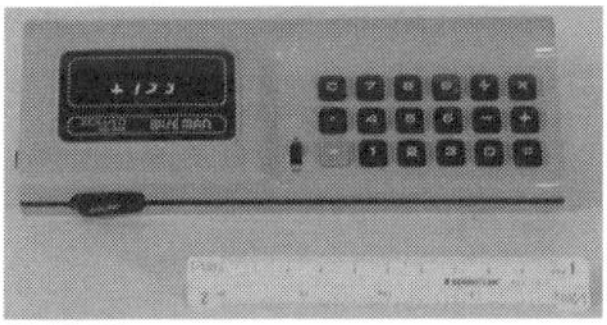
写真48
「KC-30A」コクヨ(シャープのOEM)
昭和48年(1973)

えっ、「やっぱり、初代が……」って。しょうがないな、ないもの[注24]をねだられても……。じゃあ、カシオミニのライバルたちということで、昭和48年発売の、シャープの、なんと3桁電卓、EL-120、定価9万9800円と、コクヨのWise Man、KC-30Aを紹介する（写真47、48）。はい、そうです。ほとんど同じものです。若干色が違うぐらい。ここの時代までくると、コクヨはシャープから完全にOEM供給を受けていたみたい。本体にはSHARPのSの字も見えない。どうも、シャープの電卓の周りにコクヨがまとわりつくのよね。

えっ、「3桁で使えるのか？」って、仕方ないじゃない。1万2800円より安くしたかったんだから、表示管をケチったんだよ。でも、ボタンで送れば3桁以上表示するよ。自動で全桁を繰り返し表示する

注24
ないもの（初代のカシオミニ）：実は初代カシオミニを入手してしまった。だって、ネットオークションで「私を保護して」って訴えかけてくるんだもの。奥さま、散財してごめんなさい。

ようにも設定できるし。内部ではちゃんと9桁計算してるんだよ。なんと、この2機種（といっても、事実上1機種）はカウンター機能を搭載してるんですよ。カウントレバーを押せば、1ずつ値が増える。便利でしょう。ぜひ、野鳥の会の皆さまや交通量調査の際の必携品としてもらいたい。ちなみに、このカウンター機能、昭和49年発売の後継機(EL-121)では削除されている。まことに残念。

ところで、カウントレバーというとRICHO ALEXE（99ページ参照）を思い出すのは、なぜだろう、いかん、また腱鞘《けんしょう》炎がぶり返しそう。

では、正統というか、トリッキーなことをやっていないライバルということで、昭和48年発売のオムロン株式会社（当時は立石電機株式会社）のOMRON 60を紹介する（写真49）。定価も、カシオミニと同じ1万２８００円。この電卓、いろんなメーカーにＯＥＭ供給されていて、カシオミニ包囲網の形成をもくろんでいたみたい。まあ、完全にカシオミニを意識していた、ということで。

しかし、他社も頑張ったが、やっぱりカシオミニの牙城を崩すのは難しかっ

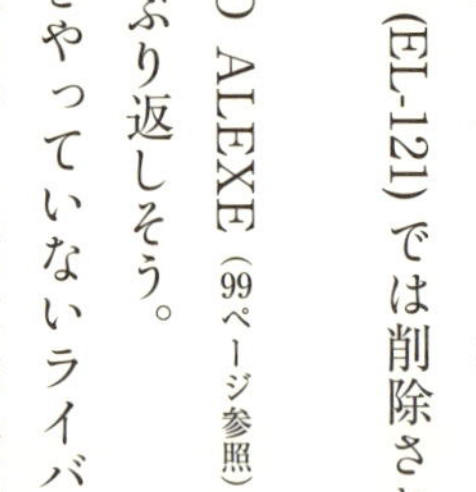

写真49
「OMRON 60」
オムロン
昭和48年(1973)

た。カシオは次々と性能アップと低価格化を施したカシオミニの改良版を製造し続けて、昭和50年には5000円を切る8代目を発売した。

前にも触れたが、初代カシオミニが発売された翌年の昭和48年を最後に、ソニーは電卓事業から撤退した。やっぱりすごいもんな、この加速度的低価格化。昭和42年にソニーが出したICC-500が26万円で、昭和47年発売のカシオミニが1万2800円、まあ、桁数や何かでカシオミニのほうが計算性能は劣っているけど、どうせ、そんなものすぐ改良してくるだろうし。まあ、ソニーさんも判断が早かったということか。でもビデオ[注25]の規格争いではずいぶん粘ったんだけどね、ソニーさん。電卓は、もうけが見込めなくなる前に勇気ある撤退と。

さっそうと登場、その名も〝液晶〟

電卓の小型化には表示装置の改良が必須であった。まあ、いくら蛍光表示が冷陰極表示放電管よりましといってもまだまだ電気を食うし、デカイし。一部には、今流行のＬＥＤ[注26]表示も用いられていた。

注25　ビデオの規格争い：最終的にベータ方式とＶＨＳ方式の２方式規格争いになったが、数の論理から昭和60年ぐらいにはＶＨＳが圧倒。損失が膨らむばかりではなかったかと推測されるが、ベータを開発したソニーは平成14年までベータ方式のビデオデッキの生産を続けた。

注26　ＬＥＤ（発光ダイオード）：最近、ＬＥＤ照明が普通になりつつあるが、ＬＥＤ自体は昔からある。出力の大きな白や波長の短い青の発光ダイオードが、比較的最近開発されただけ。

そこで、今皆さんが使っている電卓と同じ〝液晶表示〟を電卓に応用するということが行われた。ということで、シャープの昭和49年発売のEL-808を紹介する（写真50）。定価は2万4800円。前年に、IEEEマイルストーン認定電卓でシャープの初代液晶電卓EL-805が発売されているが、例に漏れず、筆者は所持していない。用いられている液晶だが、今はまず見ない〝白液晶〟、専門用語では動的散乱型液晶といわれるタイプで、黒地に白で表示される。黒板にチョークで文字を書いているみたいで愛着を感じる。とすると、最近の液晶はホワイトボードに黒マーカーで字を書いている状態か。やっぱり黒板がいいや。マーカーってすぐかすれるんだもん。

この液晶、オシャレなんだけど見にくくて、動作も遅い。すぐに駆逐され、シャープとそのOEM先、そう、コクヨの電卓ぐらいにしか使われていない。それでも、液晶搭載というのは革新的な技術で、EL-805は演算部の徹底的な省電力化を図った。電池1本で100時間使用できたらしい。でも暗いのよね、この手の液晶。ここで紹介しているEL-808は高級機で、ハイコントラスト液晶を搭載。無理はせず、電池4本で駆動させるタイプ。じゃあ、つ

写真50
「EL-808」
シャープ
昭和49年(1974)

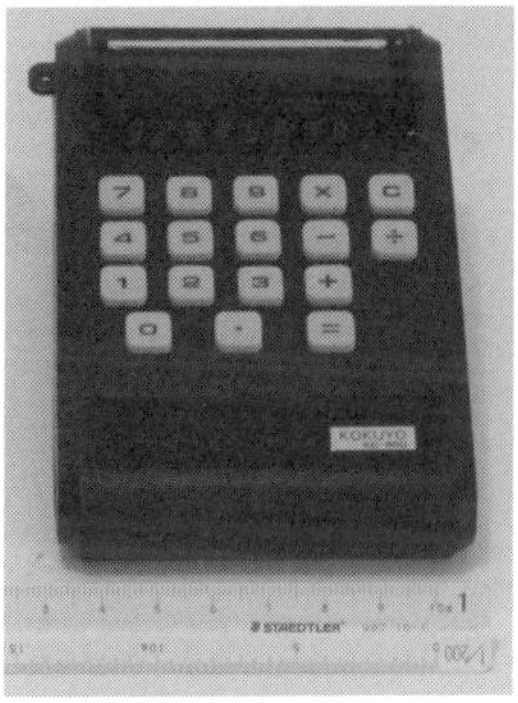

写真 51
「KC-80G 」コクヨ (シャープの OEM)
昭和 48 年 (1973)

写真 52
「Pocket-LC (CL-811)」カシオ
昭和 50 年 (1975)

写真 53
「Micro-mini（M-800)」カシオ
昭和 51 年 (1976)

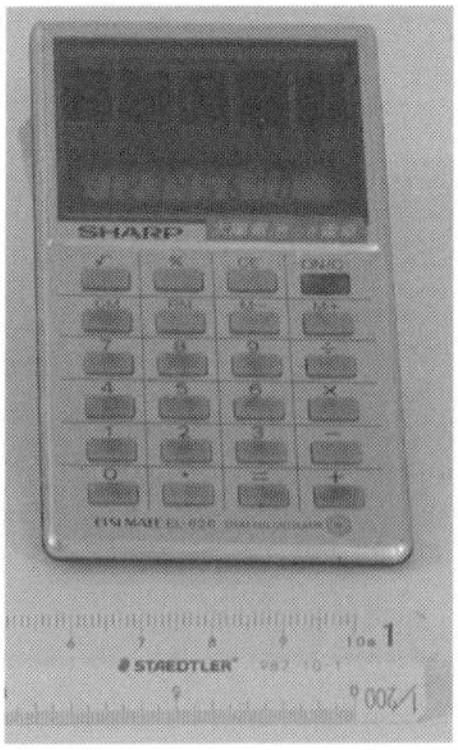

写真 54
「EL-826」シャープ
昭和 55 年 (1980)

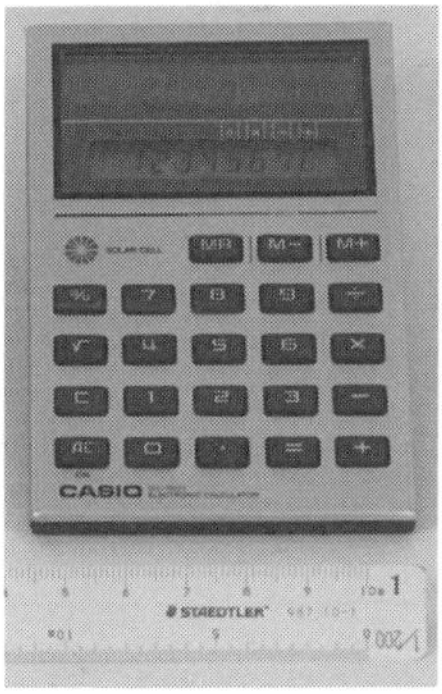

写真 55
「SL-801」カシオ
昭和 56 年 (1981)

いでにコクヨのKC-80Gを紹介しておこう（写真51）。これは昭和48年、つまりEL-805と同じ年の発売品だと思われる。たぶん、シャープのEL-807のOEM品じゃないかと思うのだが。またまた、シャープとセットで必ずコクヨが出てくるんです。

当然、他社も液晶電卓開発してましたよ。ということで、昭和50年発売のカシオのPocket-LC（CL-811）を紹介する（写真52）。単に液晶を搭載しただけでなく、徹底的な小型化を目指した電卓。ボタン電池使用で、わずか74g重あまり。このぐらいになってくると、もう、そろそろ小型化はいいかな。爪楊枝でボタン押すわけにもいかないわな〜。でも、厚さがまだ1㎝以上あるぞ〜、てことで、次は薄型化を目指していったとな。とはいったものの、薄型ではなくさらに小型化の進化形、昭和51年発売のカシオのMicro-mini（M-800）、34g重（写真53）。ハイ、おじさんの指ではもう無理です。

エコは昔から大事なんです

薄型化はねーえ。確かに進んだんですが、まあ、キャッシュカードサイズを目指していったということで。いくつか持ってはいますが、あえて紹介するほどのこともないかな〜。

そこで、ちょっと変化球ということで、太陽電池を搭載した電卓、昭和55年発売のEL-826を紹介しましょう（写真54）。またまた、シャープです。電卓を語るうえではねぇ〜、欠かせないメーカーなのよね、シャープって。電卓では、世界初とか革新的とかの話をすると必ず出てくる。実は、シャープは太陽電池搭載電卓EL-8026を昭和51年に発売している。でも、まあ、性能面でも価格面でも普及するに至らなかったようで、このEL-826あたりから、太陽電池が搭載された普及レベルの電卓。当然、薄型でコンパクトですよ。液晶搭載で、太陽電池搭載で、今の電卓と何の遜色もない。ただし、４５００円だから、今の感覚では７０００〜８０００円ぐらい、ちょっと高いかな。

カシオも出していますよ、昭和56年発売のSL-801（写真55）。カシオとしては最初の太陽電池搭載電卓。カシオの電卓は、シャープの液晶シリコン太陽電池搭載と違ってアモルファスシリコン太陽電池搭載。アモルファスって日

太陽電池搭載電卓は
電池交換がなくなって
とっても楽。

本語だと非晶質、固体のくせに、原子が規則正しく並んでいない液体みたいなもの、ガラスはアモルファスの代表選手。太陽電池としてのアモルファスシリコンは、昭和51年に研究レベルで提案、試作されたばかり。カシオさん、時代のトレンドを追ってたんだ。でも、実は、三洋電機が昭和55年にアモルファスシリコン太陽電池搭載の電卓を発売しちゃってるんだよね、その名もアモルトンCX-1。さすが、名前でアモルファスを主張しちゃってるよ。まあ、私はこれも持ってないけどね。[注27]

そして、すべてはカオスになる

だんだん疲れてきたので、そろそろ電卓の話は終わりにしたいと思うが、最後にカオスっぽい世界をちょこっとのぞこう。古いとこでいくと、これなんてどう？ 昭和50年発売のSatolex社（星電器製造）が売ってたCalcupen 1（写真56）。ボールペンと電卓のコラボレーション商品です。さすが、日本の発想力と技術力ですね。こんなものを作っていたんです。今でもちゃんと動きますよ。電卓の操作性は、1つのボタンに4つの数字や演算キーが

注27
これ（アモルントンCX-1）も持ってない：実はCX-1も手に入れたのよね。でも、ほぼ完全に液晶部が壊れている。キーを押すと、かすかに変化しているのがわかるから動作はしている様子。えっ、「そんなもの捨てろ」って、ダメです。記念碑的品物なんです！

電卓付きボールペン

写真 56
「Calcupen 1」
Satolex(星電器製造)
昭和 50 年(1975)

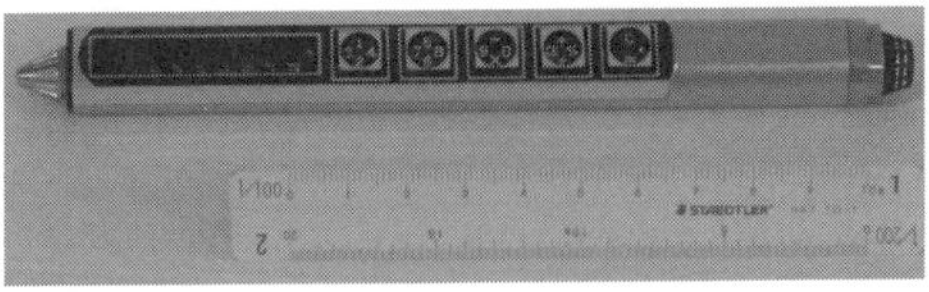

電子デジタルクロック〝でんクロ〞

写真 57
「CQ-1」カシオ
昭和 51 年(1976)

スケール機能搭載

写真 58
「Panac8205」松下通信工業
昭和 53 年(1978)

算盤付き〝ソロカル〞(太陽電池モデル)

写真 59
「EL-429」シャープ
昭和 59 年(1984)

割り振ってあって、こう押して、えっと、こうっと……。まあ、この2種類が1つになったことに意義があるんですよ、操作性は二の次なんです。ちなみに、単五電池1本で動きます。後継機も発売されていますが、赤色LEDがピカッと光るのはCalcupen 1、この品物だけです。どうです、欲しいでしょう。

さて、お次はカシオの〝でんクロ〟の愛称で親しまれたCQ-1、昭和51年発売です（写真57）。愛称から想像できるとおり、電卓とクロック（時計）のコラボ品。ストップウオッチ機能も搭載です。単三電池1本と酸化銀電池（G-13：現行品SR44）が必要という、なんで違った種類の電池が必要なの？という謎に満ちた電卓。それも、両方の電池が入っていないと動かないという仕様。さらに、酸化銀電池が奥まったところに隠れていて、〝単三電池を交換しても動かない、ついに壊れたか〟と何度も思わせてくれるおちゃめなやつ。でもこの電卓、けっこう売れたらしい。コラボ電卓といえば〝でんクロ〟というぐらい。

松下通信工業も出していますよ、おもしろ電卓。スケール（定規）機能搭載で昭和53年発売のPanac8205はいかが？（写真58）。先っぽについたローラーを面の上でコロコロ回転させて進ませると、その進んだ長さがわかるという優れもの。たぶん、服の採寸などで威力を発揮したと思われる。原理的にはコロコロ転がしていけば、マラソンの距離42・195㎞を測ることもできるに違いない。実際やってみると、どうやらローラーが1回転すると40㎜進む。ということは、ローラーが105万4875回転でマラソンの距離になる。1秒で5回転、20㎝進むとすると21万秒ぐらい。つまり、58時間程度転がし続ければ測定できるはずである。小石でクラッシュしてしまうかもしれないし、砂も厳禁であろうからすぐに壊れるだろう。1台の耐久性を1万回転ぐらいとすると、予備器を100台ぐらい用意して挑戦していただきたい。私は絶対にイヤだけど。なお、これで測定しても正式のマラソンコースの距離とは認められないのであしからず。

で次は、極めつけのこれ、昭和59年発売のシャープのソロカルシリーズの最終版EL-429（写真59）。名前からもわかるように算盤とのコラボですよ。なんと、太陽電池まで搭載しているんですよ。最終版と書いたように、昭和53年からシャープはソロカルシリーズを4種類ほど発売している。いったい、いつになったら算盤の呪縛から逃れられるんだ〜。ちなみに、算盤と電卓が連動するなどという機能はついていない。その機能がついていたら無駄機能の王者と認定できるのだが残念である。

でも、算盤とカルキュレーター(calculator＝電卓)で名前がソロカルか。〝でんクロ〟といい〝ソロカル〟といい、ネーミングがとってもオシャレ。社内公募でもしたのかしらん。ほかにもいろいろカオスな電卓を持ってますよ。音楽の演奏ができるもの、ゲーム機能付きのもの、小学生のお勉強用などなど。うっぷ、そろそろ電卓に酔ってきました。えーっ、そろそろいいですね、10時間目もここらへんで終了したいと思う。今では自販機の水より安い百円ショップで買える電卓にも、技術者の血と汗と涙とちゃめっ気の開発の歴史があったということだね〜。

あ、1個忘れていた、リコーの電卓です。はい、リコーさんも当然、電卓を作っています。昭和49年製のデザイン電卓、RC-8Sです(写真60)。これで、10時間目は本当におしまい。では。

写真 60
「RC-8S」リコー
昭和 49 年 (1974)

ドクターアキヤマの〝どうでもいい〟豆知識 その5

バイオリズムを計算する

カオス化した電卓のところで〝でんクロ〟について触れたが、カシオは初めての複合電卓でんクロ（昭和51年）の前に、複合電卓のはしりとして〝バイオレータ〟（昭和50年）を発売している。ところで、「初めての複合電卓」と「複合電卓のはしり」の違いがよくわからないのですが……。ともにカシオのホームページに書いてあったので、区別があるのだとは思います。

バイオレータという名前からわかるように、これはバイオリズムが計算できる電卓です。まあ、バイオリズムという言葉自体がすでに死語に近いですが、誕生日を基準に身体、感情、知性が、それぞれ23日、28日、33日周期の波で繰り返すという、一応、エンジニア兼科学者のドクターアキヤマとしてはちょっと眉唾もの。確か、昭和にはやったことがあったような……。

そのバイオリズムをいち早く取り入れたのが、このバイオレータということになります。ところが、これは１９００～１９９９年にしか対応していない。というかメモリの節約もあり、下２桁でしか年号を区別しないので、２０１２年のつもりで12年と設定しても１９１２年と認識するという２０００年問題（すでにこれも死語）をもろにかぶっているという機種。使えないジャン。

あまりに悔しいのでなんとか使えないかと考えてみた。勘がいい人だったらもうわかっているかと思うのですが、バイオリズムは〝身体、感情、知性が、それぞれ23日、28日、33日周期の波で繰り返す〟わけだから、23と28と33の最小公倍数の日数で完全に一致する。つまり、23×28×33＝2万1252日周期で繰り返すのです。おーっ、たとえば2013年4月1日のバイオリズムを調べたければ、その2万1252日前のバイオリズムを調べればよいということになる。では2013年4月1日の2万1252日前は――

①まず、4年は365×3＋366＝1461日なので21252－1461×14＝798ということで、1957年4月1日より798日前ということになる。②365日引いて、1956年4月1日より433日前、さらに366日引いて、1955年4月1日より67日前。③31＋28日を引いて、1955年2月1日より8日前。④つまり1955年1月24日となる。

ハイ、つまり、2013年4月1日のバイオリズムを調べたければ、バイオレータで1955年1月24日のバイオリズムを調べればいい。これで、永久に使えるバイオレータとなります。電卓機能は当然ついているので、ここで書いた2万1252日さかのぼる計算も楽々。

一点、注意しなければならないのは、右の計算でもわかると思うけど〝うるう年〟は366日で、うるう年の2月は29日まであるということ。皆さんご存じだと思うのですが、西暦が4で割れる年、つまり夏のオリンピックがある年はうるう年です。しかし上位の規則があって、100で割れる年はうるう年ではありません。じゃ、2000年はうるう年じゃなかったのかというと、さらに上位の規則があって、400で割れる年はうるう年です。ということで西暦2000年はうるう年でした。夏のオリンピックが開催されて、うるう年ではない貴重な年を経験するために、2100年まで長生きしてみては？

11時間目 ボタン多すぎ 関数電卓

ワンタッチでポン

前の時間までは、ごくフツーの電卓の話をしたんだけれど、今回は別の電卓のお話をしたい。私みたいな理系の人間にとって、切っても切れない縁の深ーいのが〝関数〟。文科系の人は懐かしい、いや〜な思い出かもしれませんが、サイン（sin）、コサイン（cos）、タンジェント（tan）とか、対数（log）とか。計算尺のところで出てきたから、思い出してるよね。いや、だから〝死んだサバみたいな目〟をしないって。別に、もう計算したりしないから。

理系の場合、大学に入ったら、いろんなところで、その関数というものにお世話になる。たとえば「sin37°を計算しなさい」とか。フツーの電卓にはそんな値を計算する機能はない。いや、だから、「Taylor 展開して求めることが……」なんて、私も〝死んだイワシみたいな目〟になりそうな小難しいことは言わないの。少なくとも、すぐにホイとは出てこない。そのとき、便利だったのが計算尺。2、3桁程度しか信用できないけど、メモリを読めばホイと値が得られる。

だから、算盤や加算器に黄昏《たそがれ》が訪れた後も、計算尺は抵抗を続けることができた。でも、それも〝関数電卓〟の登場で終戦を迎える。そう、カシオの関数電卓 fx-1 が昭和47年に登場したのである。ということで、紹介したいんだけれど、残念ながら手持ちに fx-1 はない。ちょっとレアすぎ。

関数電卓自体は、アメリカのヒューレット・パッカード社が先に開発していた。でも、fx-1 の素晴らしさは、ワンタッチでポンと関数の答えが求められる使いやすさ。冷陰極表示放電管表示で価格も32万5000円なり。うーん、ちょっと高いなぁ～。この年発売のノーマルな8桁表示電卓、東芝のBC-0801Bは4万9800円だぜ。まあ、最初に出すことに意義があったのかなぁ～。一部の学校なんかには納入されたみたいだけど。カシオさんもこの

年（昭和47年）には、カシオミニショックを起こすぐらい低価格で頑張ったんだけど、さすがにfx-1は高価でした。

fx-1は持ってないし、仕方がないので後継機のfx-3を紹介する（写真61）。これは、昭和50年発売の6万9800円。だいぶ許せる価格に近づいてきたな～。まだ、高いけど。実はfx-1もだけど、このfx-3もけっこうでかい。まさに、関数機能付き電子〝卓上〟計算機の名前に反しない外観。また、高機能も売りで、fx-3は25関数、6メモリ、4内蔵プログラムと、至れり尽くせりの仕様。ボタンも、めちゃ多い。

おぬしもなかなかやるよのぉ～

当然、ほかの会社も黙っちゃいないですよ。シャープが昭和49年に発売したPC-1002（写真62）。価格は14万9000円。なんと、そのキャッチコピーは……、そう、皆さんの想像どおり。ジャーン〝電子計算尺〟。やっぱりね、狙いはそいつなのね。結局、カシオとシャープの争いか。今でも関数電卓ではこの2社が争っている。最近はキヤノンの関数電卓も見かけるけどね。

写真61
「fx-3」カシオ
昭和50年（1975）

このPC-1002も高機能が売り。15種類の関数、12種類の内蔵プログラムを持つ。特筆すべきは64ステップのプログラムのプログラム機能搭載。プログラムですよ、プログラム。自分で計算順序や条件を入れて、計算ルールを覚えさせることができるんですよ。えっ、「そんなの関数電卓じゃあ普通じゃん」って。当時は、すごいことだったの。でも、私、これの説明書、持ってないのよねぇ〜。プログラムの仕方がよくわからない。悔しいな、誰か教えて〜。

後に、シャープはPCって型番をポケットコンピューターに使った。でも、これみたいに、ほんの一時期だけPCを関数電卓に使っていた。ところで、このPCは何を意味したんだろう。〝プログラマブルカルキュレーター(Programmable Calculator)〟の意味かと思うんだけど、でも、プログラムできない関数電卓にも〝PC〟が使われていたんだよね〜。謎。

価格だけど、確かに安くなってきている。fx-3なんて6万9800円だし、やっと、当時の新入社員の月給並みというところ。でも、この大きさでは、ポケットに入れて持ち運べない。AC電源も必要。

ということで、そんな高機能はいらないが、安くて、電池駆動のポケット

写真62
「PC-1002」シャープ
昭和49年(1974)

サイズ関数電卓が〝ほ・し・い〟。

　ということで、開発されていますよ。こいつが爆発的に売れて、計算尺にとどめを刺したというカシオのfx-10、昭和49年発売の定価2万４８００円（写真63）。〝卓上型〟には劣る10関数であるが、ちょっと外出先で計算するのには十分な性能を持つ。個人でもなんとか買えるけど、会社で買って建築現場や測量現場で活用したんじゃないのかな。

　うちの学部長も、「私は、まだ、あのfx-10を持っているんだ」っておっしゃっていたもんな～。手回し計算器のときといい、学部長、ひょっとして、計算道具マニアなんじゃないかしらん。

面白味のないやつ

　さて、同じ時期にほかの会社も携帯サイズの関数電卓を出していた。では、ライバル社シャープのPC-1100を紹介（写真64）。プログラムができないＰＣです。製造年は不明だけど、ほぼ同型のEL-8104と一緒とすると昭和50年か。

　シャープのPC-1100はfx-10みたいに関数キーが独立していなくて、計算

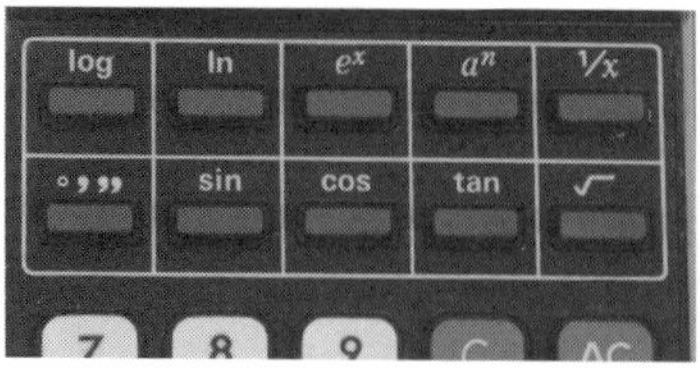

写真 63
「fx-10」カシオ
昭和 49 年 (1974)

この fx-10、歴史的名機だけあって、けっこうあちこちのホームページでレビューされている。そこで有名なのが、sin30°を計算すると、本当は 0.5 なんだけど、0.49999 となる話。いちばん小さい桁に誤算が出るのは“素直な仕様”なんだろう。でも、なんで小数点以下が 5 桁なんだろう。8 桁の計算機なのに？ で、当然 cos60°も 0.49999 となることを確認。

でも、こいつ計算遅っ。よし、実測してみよう。30 と入れて sin キーを押すと同時にストップウオッチをスタート。あっ、今の関数電卓は sin キーと押した後に 30 と押すのが主流。昔のは順番が逆。でも慣れないんだよね。今の数式どおりに打っていく計算方法。

いかん。気を取り直して最初からやり直し。ピッ、ピッ、と押して。同時にストップウオッチをスタート、蛍光管の数字が、ごにゃ、ごにゃ、ごにゃ、と変わり、0.49999 と表示。ストップウオッチをストップ。はい、1.5 秒ね。手動計測の誤差を考えて、何回かの平均でこのぐらい。うーん、エレガント。あくせくした、現代人にも欲しいな、このぐらいの余裕。

でも、この計算途中に“頑張っていますよと見せる演出”、おぬしもなかなかやるよのぉ～。これ、大事。私も学生時代、イスでマンガ読んでいても、廊下に先生の足音が聞こえた 1 秒後には実験装置の前でスイッチを操作していたもんな～。

するときにファンクションキー＋関数に対応する数字キーを押すという方式。言い忘れていたけどPC-1002も同じく関数キーが独立していない。

　これ10桁プラス指数表示つきの、ある意味ぜいたくな機種。では、sin30°を計算してみようっと。$5.000000000 \times 10^{-1}$だと。いたって普通じゃん。まあ、小数点以下の9個の0は意味ないが。こいつは計算も高速。表示が完全に消えた後、何事もなかったように0・7秒足らずで答えを表示して、計算終了。うーん、面白味のないやつだな。このPC-1100、テスト時間終了ギリギリまで計算していた私がfx-10だとすると、テスト時間半ばでさっさと提出して、かつ成績のよかった〝あいつみたいなやつ〟だ。次いこ、次。

　そう、そう、カシオの名誉のために言っておくけど、このPC-1100と同じ時期に発売した機種、たとえばfx-15なんてのは、ちゃんとsin30°＝0.5と表示して、かつ高速ですよ。相変わらず計算途中を表示するサービス精神は忘れてませんが。このころの関数電卓は日進月歩どころか、時進日歩ぐらいのスピードで進化していたので、1年も発売日が違うと、全然性能が違う。

　さて、次は三洋電機株式会社のCZ-8106（写真65）。製造年は、うーん、よく

写真64
「PC-1100」シャープ
昭和50年(1975)

わからない。でも、昭和50年ごろじゃないかな。性能もPC-1100並み、みたいだから。普通に計算できて普通に使えるし。sin30°＝0.5を、途中の労力を見せずに計算できるし。やっぱり、まあ、今の関数電卓みたいに瞬間的に答えは出ないですけどね。三洋電機の関数電卓なんて今は見ないけど、このころはいろんな型番の機種を作っていたみたい。ちなみに、これもシャープのPC-1100と同じ、ファンクションキー＋対応する関数の番号キーを押す方式。あっ、でも、進化したところがあった。これは3V仕様だから、fx-15やPC-1100と違って電池2本で動く。4本組の電池だったら、2台に使えるってお得だよね。

さて、もう一つ、松下電器産業株式会社（現・パナソニック株式会社）製のPANAC-5000（JE-5000）（写真66）。これ、説明書も保証書もある。保証書によると昭和49年12月に販売した品物みたいだから、一応、昭和49年生まれか。単三4本仕様で、アルカリ電池だったら30時間以上持つ。説明書表紙のトップに〝ナショナル電子計算尺〟と明記してある（178ページ参照）。昭和50年にヘンミが普通仕様の計算尺を終了しているので、昭和49年～50年が、計

写真66
「PANAC-5000(JE-5000)」
松下電器産業
昭和49年(1974)

写真65
「CZ-8106」
三洋電機
昭和50年(1975)ごろ

算尺から関数電卓へのテークオーバーゾーン[注28]ということかな。まあ、機能はほぼ同時期の他社製品と同じ感じ。

ごめんなさい、お兄さま

関数電卓も、電卓と同じように液晶が搭載されるのは自然の流れ。初期の液晶搭載関数電卓ということでカシオのfx-2000（写真67）。製造年は昭和52年で、定価は1万2000円。前年には、この先代の液晶搭載fx-1000が発売されている。このfx-2000の外観で、ほぼこの時期の関数電卓は完成という感じ。この後もけっこう長い間、関数電卓といえばこんな見かけだった。昭和52年の1万2000円といえば、それなりの高額品。それもあってかビジネスマン仕様で、金属ボディーで合皮製の手帳様ケースに入って高級感がある。

このfx-2000、液晶搭載、そのほか、創意工夫があったんでしょう。説明書によると、消費電力が0・00024Wで、ボタン電池3個使用、1000時間稼働可能とか。PANAC-5000が約0・5Wの消費電力だったのと比較すると、200分の1。2〜3年経っているとはいえ、技術の進歩はすごい

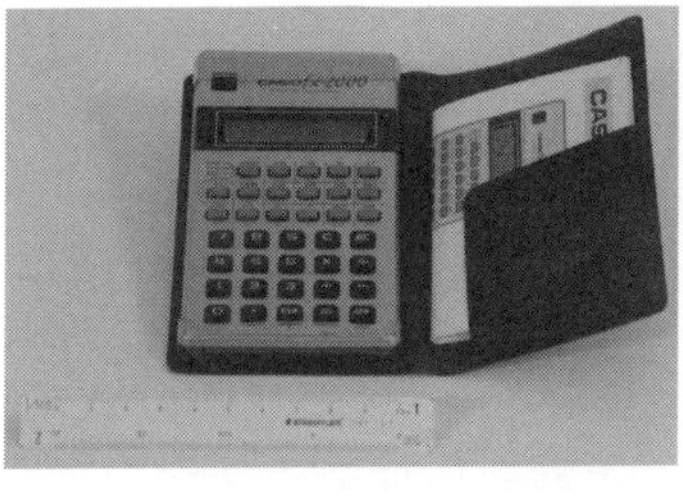

写真67
「fx-2000」
カシオ
昭和52年（1977）

注28
テークオーバーゾーン：リレーでバトンの受け渡しができるゾーン。

なぁ〜。説明書によると、電卓の稼働時間って20℃の状態で〝5555〟って表示させた状態が何時間持つかで調べていたのね。知らなかった。

この外形の関数電卓はもういいかと思ったが、思い出深い名機をもう一つ。やっぱりカシオの昭和54年発売のfx-502p、2万4800円（写真68）。256ステップのプログラム機能付きで、高いけど当時の理系の大学生にものすごく売れた。この関数電卓、私の5歳上の兄も持っていた。プログラム集がついていて、実用的なプログラムばかりでなくゲームなども掲載されていた。当時、中学生だった私は、よく兄の目を盗んでfx-502pを借り受けていたな、〝勉強のために〟。いつの間にか自分のものにして、中学の理科教員になった兄から、たまーに思い出したみたいに「返せ！」と言われていた気がする。

でも、おまけのプログラム集、ソフトカバーだったけど分厚くて存在感があった。たぶん、この品物の分類は〝本〟だったんじゃないかと思う。いや、違うか。本体よりおまけが立派なのは、すでに考証してたな。

で、この写真の品だけどプログラム集は付属していない。正直いうと、本体も〝あのときのもの〟ではない。いつの間にか両方とも失踪してしまった。

写真68
「fx-502p」カシオ
昭和54年（1979）

これは、最近、懐かしくなって手に入れた本体だけの中古品。だから、返そうと思っても〝あの品物は〟返せない。ごめんなさい、お兄さま。

人生いろいろ、関数電卓もいろいろ

手持ちの関数電卓をいろいろと紹介してきたが、さまざまな進化を遂げたものがある。さすがに電卓ほど〝独特〟ではないが。

そこで、一つ目はカードサイズの関数電卓。カシオのMini CARD fx-48（写真69）。発売は昭和53年で、定価は7900円。カードサイズの電卓については紹介しないといったが、これはカードサイズの〝関数電卓〟で、厚さ3.9㎜、39kg重に39関数を押し込み、よく頑張ったということで。消費電力も0.0006Wで、600時間稼働。えっ、「消費電力が少ないくせに、fx-2000より稼働時間が短いじゃん」って。しょうがないじゃない、〝薄い〟電池が必要なんだよ。

では、次はfx-190（写真70）。昭和58年ぐらいの製造と思われる。なんと、スケール付きの一品。前のPanac8205もスケール付きだったが、あれは計測した長さを表示するもの。これは、計算結果がメモリの横の液晶画面に長さとして表示される。つまり、関数を必要とする複雑な計算を行って導き出した長さを、目で見ることができる優れもの。現行品でこの機能を持つものはない。ということはそれほど需要がなかったのか。確かに、一般の人はあまり必要ないかもしれない。

　関数電卓の最後を飾るのは、スケール付きの関数電卓と同じく特殊用途の計算機、株式会社玉屋商店が発売したNC-2、その名も天文航法計算機（写真71）。シャープ株式会社製造。製造年は不明だけど、グリーンの蛍光管表示だし、おそらく昭和50年ごろと思われる。

　このNC-2、特殊用途の極みである。名前からなんとなーく想像がつくかもしれないが、恒星と水平線の角度から、自分が地球上のどの位置にいるかを見いだす方法〝天文航法〟に用いる計算機である。正直、私には専門が違いすぎてよく

写真69
「fx-48」カシオ
昭和53年(1978)

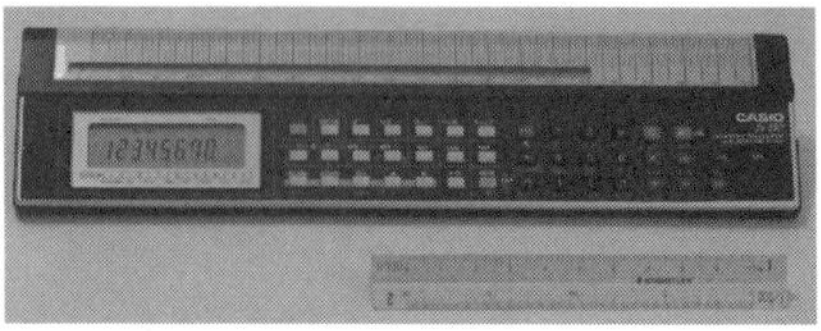

写真70
「fx-190」カシオ
昭和58年(1983)ごろ

わからないが、GPS（グローバル・ポジショニング・システム）のない時代に大海原を航海する際には必須の技術だったんだろうと、想像がつく。まあ、今は猫も杓子《しゃくし》もGPSだもんな。本当にネコの首輪にGPSつけてるぐらいだし。

　この品物だが、内側に布張りした立派な木のケースに入っている。でも、本当はこの計算機を関数電卓に入れてよいか疑問。三角関数、対数、平方根ぐらいしか、関数持っていない。というか、天文航法に必要な関数を持っている、というのが正直なところ。しかし、理系の人もこれだけあれば十分な人多いんじゃない。あなたが持っている関数電卓、使ったことのない関数のほうがはるかに多いでしょう？

　さて、ここらへんで11時間目も終了したいと思います。あ、大丈夫ですよ。関数電卓を取り出して調べなくても。あなたの関数電卓では、ちゃんとsin30°は0・5って計算しますよ。では。

写真71
「NC-2」（天文航法計算機）
玉屋商店（シャープ製造）
昭和50年（1975）ごろ

日本人にとって日常の計算は“算盤”、技術者や科学者などの関数を必要とする人たちにとっては“計算尺”が必須アイテムだった。公教育でも教えていたし、算盤や計算尺の部活動や大会なども開かれていた。今では想像できないぐらい、一般に浸透していたと思われる。その巨人たちに戦いを挑んだ“電卓”と“関数電卓”。当初はその知名度を利用し、電子ソロバン、電子計算尺と称して販売していた。まあ、すぐにその必要はなくなったけどね。

説明書：電子計算尺
「PANAC-5000」(JE-5000)
松下電器産業
昭和49年(1974) ※P.172掲載

外箱：電子ソロバン
「KC-80G」
コクヨ（シャープのOEM）
昭和48年（1973）※P.155掲載

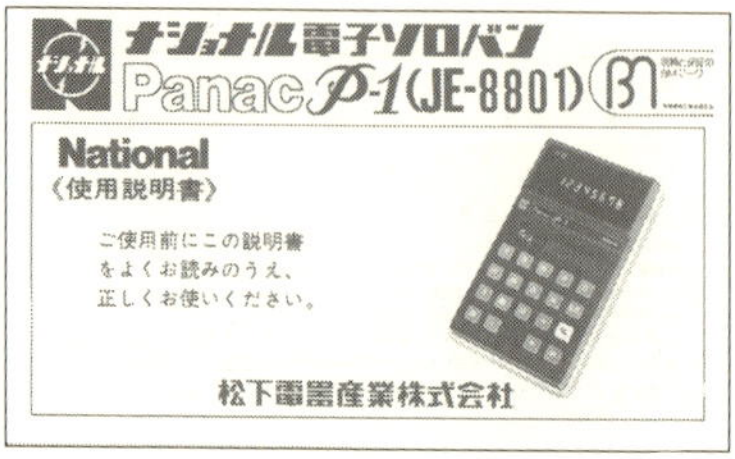

説明書：電子ソロバン
「PANAC-P-1」(JE-8801)
松下電器産業
昭和50年(1975)
※本文未掲載

12時間目
それは計算道具ではないんじゃ？
親戚と友達

予定は未定

さて、ネタも尽き、そろそろ昭和の計算道具の紹介も終わりに近づいてきた。そこで、最後に〝計算道具じゃないもの〟を紹介しよう。えっ、「計算道具の話をするんじゃなかったのか」って？　まぁ、気にしない、気にしない。世の中そんなものよ。予定は未定。

では、まず、〝昭和の電子辞書〟の話をしたいと思う。最近では、電子辞書はきわめてポピュラーだよね。一家に1台どころか、一人に数台。新製品の高機能な品物は数万円するけれど、ポケットサイズに何十冊分の辞書が入ったようなもの。紙媒体の辞書に比較したらコストパフォーマンスは、はるかに高い。大人になって活用していない人も、高校生のときには英語や古典の宿題に大いに役に立ったんじゃないかな。

まあ、そんな高性能な電子辞書も、いきなり出現したわけじゃなく、紆余曲折の開発の歴史がある。では、シャープが昭和54年に3万9800円で発売した英和・和英対応、ポケット電訳機IQ-3000を紹介する（写真72）。これ、知る人ぞ知る有名な機械。ソフトバンクグループの孫正義社長が学生のころ、シャープにアイデアを売り込んで商品化されたという伝説の品物[注29]。説明書によると英単語が2505語、熟語が304語収録されている。さらに、ガイドブックによるとオフィスレディーやシティボーイに最適とのこと。今の数千円の安価な電子辞書の足元にも及ばないが、国産ポケットサイズ電子辞書の元祖といわれている記念碑的な製品。今でも、中学校で習う英単語は1200程度なので中学生なら実用にたえるんじゃないかな。

私のIQ-3000、残念ながら不動品。情報をあさってみると、どうやらこの機種は液晶の耐久性に難がある様子。〝液晶のシャープ〟らしくない機種だけど、まあ、古いからねぇ。私のも液晶が真っ黒で、スイッチ入れてもうん

注29
伝説の品物：IQ-3000のアイデア（+プログラムも売り込んだらしい）は、孫正義社長が留学時代にTexas Instrumentsの翻訳機を見て思いついたらしい。そこで1979年（昭和54）発売のTexas Instrumentsの翻訳機 LANGUAGE TUTOR を入手してみた。発売当初はモジュール交換でフランス語、ドイツ語、スペイン語、英語の翻訳と、一部発音が可能。私が手に入れたのは1980年（昭和55）発売の日英モジュール（英単語のみ発音可能）付きの希少品。いかにも電子音という声でしゃべってくれる。

ともすんとも言わない。まあ、しゃべる電子辞書ではないので、うんともすんとも言わないのが正常だけど。幸い、説明書や付属の単語・熟語集が残っているので、それでも眺めてこうやって使うんだと納得している。

ところが、大発見をした。なんと説明書に〝計算機として使用する場合〟という項目があるじゃないですか。ほーら、ほーら、これも昭和の計算道具ですよ。四則演算ができます。ということで、これは〝電卓〟に電子辞書が内蔵されたものに間違いない。

なんて書いたんですが、実は姉妹機に本当に〝電卓に電子辞書が内蔵されたも

写真 72
「IQ-3000」（ポケット電訳機）
シャープ
昭和 54 年（1979）

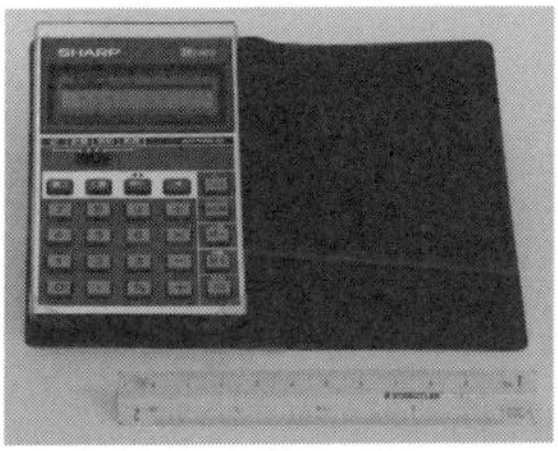

写真 73
「IQ-150」（電子辞書機能内蔵）
シャープ　昭和 56 年（1981）ごろ

の〟がある。では、シャープのIQ-150をどうぞ（写真73）。定価は9980円で、発売は昭和56年ぐらい。見た目は完全に電卓。当然、四則演算はお茶の子さいさい。辞書として使うときは、英和も、和英も基本は一緒。〝頭2文字だけ〟を指定して、後はキーを押すと順番に単語が表示される。目的とする単語が出てきたら、翻訳ボタンを連打……。使いにくっ。キーボードのありがたみがあらためて認識できる一品となっております。

じゃあ、ついでに正当な後継機、昭和56年発売のシャープのポケット電訳機IQ-5000を紹介する（写真74）。なんと、これ、〝しゃべる〟。つまり、英単語や一部の例文を発音してくれる。また、モジュールを入れ替えれば、ドイツ語、フランス語、スペイン語、オランダ語、イタリア語、ポルトガル語など多言語に対応できる。

うーん、すてきすぎる。このころからすでに音声合成機能付きで、多言語対応なんて。じゃ、ひょっとして電卓機能も関数電卓に進化しているんじゃないか。えーっと……。ないじゃないか！　四則演算をするキーさえ見当たらない。どうやら、この前の機種IQ-3100の時点で電卓機能は削除された様

写真74
「IQ-5000」（ポケット電訳機）
シャープ
昭和56年（1981）

子。ダメだ。これで、電卓の遠〜い、遠〜い、親戚になってしまった。

ということで、やっぱり、計算道具について説明するという予定は、しょせん未定にすぎなかった。

"実用品のつもり"だったんだ

シャープのＩＱシリーズは英語辞書だが、当然、日本語辞書もあったはず。ということで調べ始めた（といっても、せいぜいインターネット検索ね）のだが、なかなか成果が上がらない。いろいろネットサーフィンをした結果、２万１８００円で発売されたキヤノンのCA-1000あたりが最初かなと思われる（写真75）。まあ、日本語辞典ではなく、漢字字典[注30]なんだけど。発売は56年ごろではないかと思う。

正直に言おう。これ、日本語辞典でないばかりか、漢字字典というよりも、皆さんがパソコンのキーボードをたたいて漢字変換を押すときの、その機能に近い。まあ、その漢字変換機能を、さらに動作を生ぬーるくしたような感じである。まあ、仕方がない。皆さんが何げなく使っているパソコンの漢字

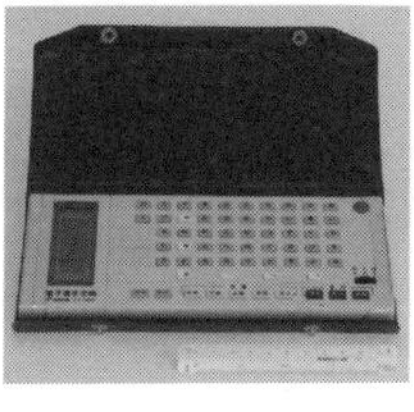

写真75
「CA-1000」
（電子漢字字典）
キヤノン
昭和56年（1981）ごろ

注30
漢字字典：漢字字典である。決して漢字辞典の誤植ではない。製品にそう記してある。漢字を一定の順序で並べ、意味や語源、発音などを登録したものらしい。確かに読み方と筆順がわかるけど……。

変換機能も、先人たちのたゆまぬ努力のたまものなんです。この当時は、パソコンで漢字変換すること自体、大変だったんだ。それをポケットサイズ、まあ、ちょっと長すぎて尻ポッケからはみ出ちゃうけど、このサイズにまでコンパクトにした技術力はすごいと思う。それに、CA-1000は、な、な、なんと筆順まで示してくれるんだぞ。もう一度、こいつに筆順を習ったほうがよいんじゃないか。黒板を見ている学生が「ぷっ」と噴くぐらい筆順めちゃくちゃだろう、俺。

まあ、売ってたころも、ビジネス品というよりは学習用の品物という感じだったみたい。後継機のCA-2000（写真76）は2行表示に進化している。で、CA-2000もやっぱり学習用ね。ガイドブックの最後には、過去10年間の、中学、高校、大学入試に出題された漢字・熟語〝頻度表〟なんて載ってるもん。これをよーく見て、どの漢字と熟語を覚えるべきか考えなさいという意味だと思う。

あっ、失礼しました。ガイドブックの頭のほうに、「学習用はもちろん〝実務用〟にも十分威力を発揮します」と断言してあった。CA-2000は実用

写真76
「CA-2000」（電子漢字字典）
キヤノン
昭和58年（1983）

品を志向していた品物で、ビジネスマンがポケットからすっと出して、漢字を調べる姿をイメージして開発したのかなぁ〜。

ちなみに、CA-1000もCA-2000も残念ながら計算機能はないようです。

三輪車には三輪車のよさがある

電子辞書の話はこれぐらいにして、次はポケコン（ポケットコンピューター）の話を少しだけ。〝ポケコン〟、耳にしたことがない人もいるかもしれませんが、これは、性能的には関数電卓をはるかに凌駕《りょうが》していますよ。えー、本当。関数なんてばっちり入っていますし、プログラムも組めますし。えっ、「fx-502pも関数計算できるし、プログラム組めるじゃん」って。いえ、いえ、ポケコンは、そのころパソコンでポピュラーだった高級プログラミング言語のＢＡＳＩＣが使えるんです。ＢＡＳＩＣを説明すると、もう1冊、本を書くことになるんで、簡単にいうと初心者向きの高級言語で、えー……、以下、省略。自分で調べて。

昭和50年代半ばから60年代初頭まで、ポケットサイズに入るコンピューターがはやった時期があった、それが、ポケコン。まあ、性能は当時のパソコンにも全然及ばなかったので、現在のパソコンに比べたら三輪車と新幹線ぐらいの性能差と考えていただければいい。しかし、三輪車には三輪車のよさがある。

というわけで、シャープのPC-1500を紹介しよう(写真77)。ポケコンとしては初期の最高級機種、昭和56年発売で定価5万9800円の製品。今ではこれだけ出せば格安の新幹線……、じゃなくノートパソコンが買える。当時と今の物価の違いを考えてみれば、なおさら、その高級機ぶりが理解できると思う。で、何ができるか、というと、いろいろできるんだよ。プログラム組んで、この1行しか表示できない液晶画面にグラフィック表示して。いろいろと、いろいろと……、やるのが当時のトレンドだったの。

それに、PC-1500は仮名も表示できるんですよ。別売りの仮名モジュールを挿すか、カセットテープから読み込んで。えっ、「カセットテープ?」って。この時代、記憶装置はカセットテープが主流だったんですよ。パソコンもそうですよ。フロッピーディスクドライブがパソコン本体と同じぐらいの値段、

写真77
「PC-1500」
シャープ
昭和56年(1981)

ハードディスクなんて大金持ちの3ナンバーのベンツ並みだった時代。庶民はフロッピーの夢を見ながら、現実は〝ピーヒョロヒョロ〟と音をさせながら、カセットテープを使ってプログラムを読み込ませたり、記憶させたりしていたんです。懐かしいな〜。なんですか、その冷たい視線は。いいじゃないですか、セピア色の思い出に浸ってるんだから。

救世主登場

で、この当時、PC-1500に限らずシャープのポケコンはけっこう高価だった。そこで、貧乏人の……、じゃなく、ポケコンに憧れる子どもたちの救世主となった低価格のポケコンの代表格が、これ、カシオのPB-100（写真78）。昭和57年発売で1万4800円。ちなみに、PB-100には〝Personal Computer〟のロゴが入っているが、普通の人はこれをパソコンとは認識せず、ポケコンだと思っている。自分でキャラクターをデザインしたり、図形を描いたりなどといった、グラフィックは使えないという制約はあるが、それでも「安っ」ということで、大いに売れた。ひょっとしたら、これを読んでる

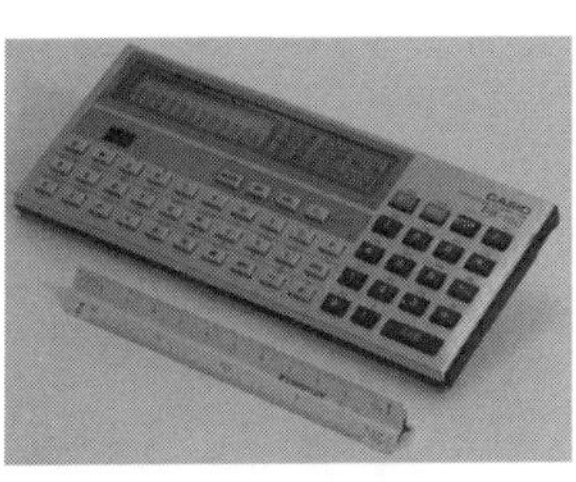

写真78
「PB-100」
カシオ
昭和57年（1982）

皆さんの中にも、お年玉をかき集めて、それでも足りない分はおじいちゃんやおばあちゃんにねだって、PB-100を買ったという方もいるんじゃないかなぁ。

この低価格化と爆発的な売れ行きを称して、PB-100の発売を、〝第二のカシオショック〟という……、かどうかは知らない。

そして、すべては融合する

昭和も終わりに近づいたころ、電子手帳というのがはやったことがあった。というわけで、昭和61年発売のシャープのPA-7000を紹介する(写真79)。今でも電子手帳という商品があるみたいだけど、あれはキャラクター物で、子ども向けのグッズだよね。このころの電子手帳は〝できる大人〟の実用品。この品物、本体に四則演算、スケジュール管理、住所録などの機能を持っている。

しかも、別売りのICカードを挿すことで、さまざまな機能を付け足すことができる。私が持っているICカードは、和英辞書カード、英和辞書カード、

写真79
「PA-7000」
シャープ
昭和61年(1986)

電訳機（和英・英和）カード、国語辞典カード……。ほら、ほら、これで電子辞書の完成。IQ-3000やCA-2000なんて目じゃない。つまり、これは電子辞書ということ。ほかにも、技術計算カードは107種類の関数機能がある。ほーら、関数電卓さ。さらに、持っていないけどプログラムBASICカード[注31]というのもあって、これで高級言語のBASICを使える。はい、ポケコンの完成。という具合に、電子手帳は〝1枚1万円程度のICカードを買い足し、いちいち挿し替えれば〟、電卓、関数電卓、電子辞書、ポケコンすべてを含むマシンに変身するのである。

ところが、このPA-7000、なんと時計機能がない。予定を書き込むことはできるが、〝今日が何日かとか、今何時かとかはわからない〟。これ、きつぅ。電子手帳はオプションによる拡張ではなく、スケジュールの管理が本質だと思うのだが。で、時計が内蔵されていないって、どうよ。まあ、電子〝手帳〟なんだから、あくまでも、紙の手帳のカレンダーと同じ機能を追求した男らしい機種ってことかな。

その欠点を知ってか知らずか、後継機のPA-8500（写真80）では、ちゃんと

注31　プログラムBASICカード：ただし、単体ではBASICでプログラム開発ができないので、別途パソコンが必要。ハイパー関数プログラムカードという、単体でBASICが使えるカードもあるが、これはPA-7000では使えない。残念。

時計機能がつきました。いや、やっぱり、そうでしょう、普通。
このPA-8500、昭和63年発売である。思い出してほしい。最初に紹介した昭和の計算道具は、昭和2年製造の第1世代タイガー計算器だった。これは昭和63年製。昭和64年は1週間しかなかったので、事実上、昭和最後の計算道具となる。うーん、感慨深いな〜……、っと思って、PA-8500の裏のラベルを見たんだが、製造年月、1989年4月、へっ、平成生まれ……。

さて、まだ、まだ、披露していないコレクションもあるし、話し足りないいけど、おまえの話はもう飽きたという視線が痛いので、ここらへんで〝昭和の計算道具〟の話は終わりにしたいと思います。また、何か機会がありましたらお付き合いいただければ幸いです。えっ、次の機会なんて「ありえねー」って、まあ、そんな〝いけずな〟ことを言わずに。では、また。

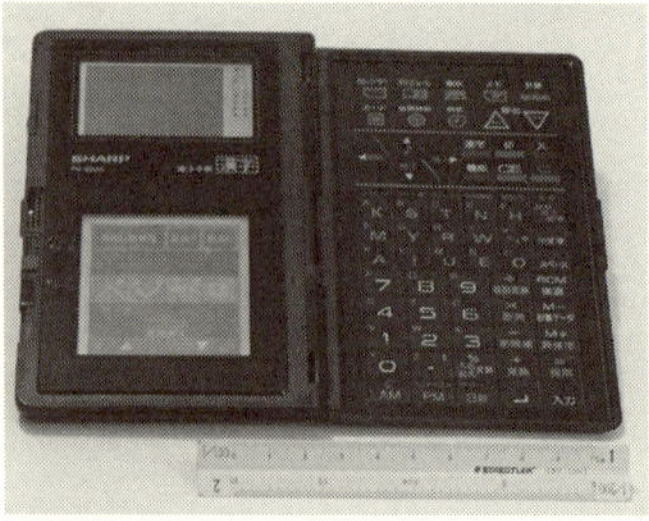

写真80
「PA-8500」
シャープ
昭和63年(1988)
※ただし写真の品は平成元年製造

ドクターアキヤマの〝どうでもいい〟豆知識　その6

コンピューターと電卓の違いは？

うちの大学には、本文で触れた矢頭良一の自働算盤や手回し計算器（タイガー計算器No.59）と同時に２００８年度の情報技術処理遺産として認定された日本電気株式会社（ＮＥＣ）のNEAC-2203（昭和34年に発売開始）が、展示保存されている。

当時30台程度納入されたらしいが、日本で現存が確認されているのはこれ1台。アメリカのコンピューター・ヒストリ・ミュージアムにも1台展示保存されている。このNEAC-2203、2キロワード（1ワード＝2バイト。ワードとバイトの関係は、コンピューターによってはちょっと違ったりするけど）程度のメモリしか積んでいなかった。価格は当時で２０００万〜３０００万円だったらしい。

ちなみに今、数ギガバイトのメモリを持つパソコンに積まれているＣＰＵは数十ギガFLOPS（FLOPS：浮動小数点の演算性能の指標）ですが、昭和51年（１９７６）に発売された当時としては画期的な〝スーパーコンピューター〟のCRAY-1は１３６〜２５０メガFLOPSの計算能力を持つ。また、スーパーコンピューター〝京〟は１京FLOPS、言い換えると10ペタFLOPSの演算性能を持っている。ペタ（Ｐ）はギガ（Ｇ）の１００万倍、つまり京はCRAY-1の１億倍ぐらいの計算性能となる。じゃあNEAC-2203は？　比較したらかわいそうでしょう!!

ところで、コンピューターと電卓の違いは何でしょう？　これはなかなか難しい問題です。電卓自体、もとは電子卓上計算機の略ですし、コンピューターも無理やり日本語に直すと〝電子計算機〟となる。まあ、よくいわれるのが、コンピューターは自力でプログラムを組み込めるのに対して、電卓は手でキーを打ち込み計算を行うか、せいぜい組み込みの計算式を使える程度であるということ。しかし、〝プログラムができる電卓〟とか発売されているのよね。

　また、本文でも取り上げた関数電卓fx-502pは〝プログラムができる関数電卓〟として大いに売れた。今でもプログラムができる関数電卓は一般的だしね。

　厳密な定義は難しそうですが、プログラムできる電卓の発展形がパソコンといわれるものになり、プログラムできる関数電卓の発展形がポケコンになったということか。コンピューターを〝計算機〟と訳すこと自体なくなったようだし。コンピューターは日本語でも〝コンピューター〟。

　最近では学生の間でもポケコンは絶滅ぎみで、プログラムできる関数電卓が主流になっている。パソコンも、スマートフォンや電子タブレットにその地位を脅かされつつある。そのうちパソコンが絶滅した〝計算道具〟になるかもしれませんね。

うちの大学（湘南キャンパス）で展示保存されているNECのNEAC-2203。世界初の商用トランジスタコンピューターNEAC-2201の後継機で、2201と違いオールトランジスタで構成されている。昭和34年(1959)発売。本品は昭和36年（1961）製造。2009年度の未来技術遺産にも登録されている

おわりに
兵どもが夢の跡

最初に、謝っておく。「本当にごめんなさい」

本書では、昭和に製造された〝計算道具〟を取り上げ、紹介させていただいた。しかし、中にはかなり「失礼」な感想も書いたので、その開発・製造にかかわった皆さまや製造会社さまには不快な思いをさせてしまったかもしれない。そうであればまことに申し訳ないと思う。

弁解というわけではないが、私はこれらの計算道具が大好きである。妻と娘たちの次ぐらい……、いや、妻と娘と教え子の次……、いや、妻と娘と教え子と母の次……、いや、まあ、心から愛してやまないのは確かである。

本書で取り上げた、

オムロン株式会社　カシオ計算機株式会社　キヤノン株式会社　コクヨ株式会社
シチズンホールディングス株式会社　シャープ株式会社　ソニー株式会社
タマヤ計測システム株式会社　トモエ算盤株式会社
パナソニック モバイルコミュニケーションズ株式会社　パナソニック株式会社
ビジコン株式会社　ヘンミ計算尺株式会社　ポケット計算機株式会社（＊）
ホシデン株式会社　ミクラ精機株式会社（＊）　ライオンケミカル株式会社
リコー計器株式会社　加藤数物製作所（＊）　株式会社コンサイス　株式会社タイガー
株式会社リコー　株式会社東芝　株式会社日立製作所　三洋電機株式会社
三和プレシーザ株式会社　太陽計算器株式会社（＊）　大洋ビジネスマシーンズ株式会社（＊）
電子ブロック機器製造株式会社　東芝テック株式会社　中岸製作所（＊）
丸善株式会社　日本事務器株式会社　日本電気株式会社

順不同、現会社名

＊現在の会社が不明

の皆さまの計算道具の開発、さらには、科学技術の発展に対する貢献には、あらためて敬意を表します。また、誌面の都合で取り上げていない計算道具も多数あり、ここで列記していない多数の会社およびそこで働く技術者の方々が、計算道具の発展にかかわっている。それらの皆さまの貢献も計り知れない。

本書は、昭和の忘れられた計算道具を多くの人に知ってもらいたいと思い、さまざまなバックグラウンドをお持ちの方、特に若い方々に親しみやすくという観点から発想したものなので、過剰な表現や、怪しい日本語など散見されているかと思うが、ご容赦いただければ幸いである。

本書で紹介した品々は、いずれも一時代を築いた計算道具である。正確に、速く、便利に、さらには、簡単に、安く、を目指して開発された道具といえるだろう。国内での競争のみならず、海外製品との競争を戦いながら、切磋琢磨して発展してきた〝兵《つわもの》〟たちだ。その一部は〝戦い〟を終え我々の記憶からも消え去ろうとしている。まるで、池に飛び込む蛙《かわず》のように……、ん、なんか変。

まぁ、ともかく、たとえ忘れ去られたとしても、今日の日本が先進国といわれ、かつ、技術大国として世界で確固たる地位を占めているのは、これらの計算道具の開発があったからこそ、であると私は信じている。現在、日本には経済的にも政治的にも閉塞感が漂っているような気がする。専門家でない私が言うのもおこがましいが、昭和という時代は決して安穏な時代ではなく、関東大震災の復興で始まり、敗戦も経験する激動の時代であった。その中で、日本人はたくましく生き抜き、世界の中で確固たる地位を築いたのである。本書で紹介した計算道具は、その日本が残した代表的な〝昭和の軌跡〟の一つであると思う。

「だから、何?」ときょうびの若者たちに言われそうではあるが、少しだけでも〝ふーん〟と感じていただけたらと思う。ひょっとしたら、自分も「ちょっとだけ頑張ってみようかな」と思ってもらえたら幸いである。

では、〝やっぱり講義の最後はテスト〟でしょうということで、以下の10の問いに、○×で答えていただきたい。

① ドクターアキヤマの誕生日（月日）はアインシュタインと一緒である
② ドクターアキヤマは〝鑑定する〟テレビ番組に出てみたがっている
③ ドクターアキヤマはアメリカに住んだことがある
④ ドクターアキヤマはスミソニアン博物館級の計算道具を持っている
⑤ ドクターアキヤマはローラースケートが滑れない

ドクターアキヤマ

⑥ドクターアキヤマは百円ショップが好きそうである
⑦ドクターアキヤマは〝マリアさまの胸像〟を持っていた
⑧ドクターアキヤマは計算道具を愛している
⑨ドクターアキヤマは奥さんを愛している
⑩ドクターアキヤマは学生を愛している

答えは、本書をよく読んでいただければ自明の理だと思う。

最後になってしまったが、本書を執筆・出版するにあたってご協力いただいた編集者の村尾由紀さん、デザイナーの高尾斉さん、カメラマンの永田まさおさん、さらに、東海大学の広報課・小栗寿夫さん、工学部・木村英樹教授にあらためて感謝申し上げます。そうだ、もう1人忘れていた。あちこちに顔を出している〝マロンたん〟の作者は、73ページで巨大計算尺を抱えている私の次女であった。感謝、感謝。そして、なにより本書を手にしていただいた皆さま、ありがとうございます。

もう、皆さまに足を向けて寝ることはできません。というわけで、私は立って寝ないといけなくなりましたとさ……。

【参考にした主なホームページおよび文献】

本書の執筆にあたっては、以下のホームページや文献に記された情報などを利用させていただいた。

◆ホームページ

Computer History MUSEUM
Hemmi Slide Rule Catalogue Raisonne
IT関連の歴史（木暮 仁：「経営と情報」に関する教材と意見）
NANZO 電卓博物館
Wikipedia（ウィキペディア）
じぇいかんのアマチュア無線日記
関数電卓博物館
機械式計算機の会
計算機博物館
計算尺愛好会
計算尺推進委員会
情報処理学会「コンピュータ博物館」

電卓研究室 / Vintage Electronic Calculator Laboratory
電卓博物館
東京理科大学近代科学資料館
計算道具（計算機）関連の会社のホームページ（まとめちゃってすみません）

◆文献

電子式卓上計算機技術発展の系統化調査（国立科学博物館 産業技術史資料情報センター資料）
情報処理技術遺産 タイガー計算機 No.59、和田英一、会誌「情報処理」Vol.150.No5(2009)
日本のエレクトロニクスを支えた技術「電卓」、エレクトロニクス立国の源流を探る、「週刊 BEACOM」No.28-No.42（アイコム※ウェブ・マガジン）
『計算機屋かく戦えり』遠藤諭、アスキー
『美 機械式計算機の世界ー手回し計算機を中心として』渡邉祐三、ブレーン出版
『続 美 機械式計算機の世界ー手回し計算機を中心として』渡邉祐三、ブレーン出版
『機械式計算機ーその魅力と修復の実際』渡邉祐三、オフィスhans

ここで挙げた以外にもさまざまなホームページや文献を参考にさせていただきました。正直、本書に記載した内容にはどこから得られたか忘れてしまった情報も多々あります。失礼極まりないとは思いますが、まとめてお礼申し上げます。

ドクターアキヤマ（本名：秋山泰伸）
東海大学工学部応用化学科教授

1966年福岡県生まれ。誕生日がアインシュタインとほしのあきと同じというのが自慢。当然誕生年は異なる。九州大学大学院理学研究科博士前期課程修了。博士（工学）。九州大学で13年余り助手を務めた後、東海大学に。白衣を着て、フラスコを持って、というメジャーな化学とは縁遠く、数式や計算を用いた理論的な化学（工学）が専門。中学生のころ、幼少時から貯めたお年玉をすべて使い、当時きわめて高価であったパソコンを購入するなど筋金入りのコンピューターマニア。最近はコンピューターの高性能化に少し嫌気が差し、ぐっとさかのぼってコンピューターの元祖である古い計算道具（主に昭和時代）に趣味・趣向を移しつつある。

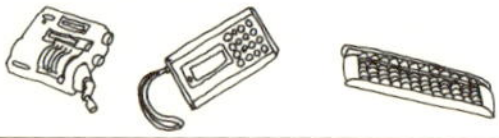

愛しの昭和の計算道具

2013年3月15日　第1刷発行

著　者　ドクターアキヤマ
発行者　原田邦彦
発行所　東海教育研究所
〒160-0023　東京都新宿区西新宿7-4-3　升本ビル
電話 03-3227-3700　ファクス 03-3227-3701
eigyo@tokaiedu.co.jp
発売所　東海大学出版会
〒257-0003　神奈川県秦野市南矢名3-10-35　東海大学同窓会館内
電話 0463-79-3921

印刷・製本　株式会社平河工業社
装丁・本文デザイン　bit
イラスト　高尾 斉

ISBN978-4-486-03747-7 C0041